现代化学基础丛书 41

高分子溶液热力学

童　真　编著

科学出版社

北　京

内 容 简 介

高分子溶液热力学是将热力学应用于高分子溶液，处理高分子溶液的相分离和相平衡，核心科学问题是准确地描述高分子溶液体系的相互作用。本书包括两个方面的内容：热力学的经典理论和描述相互作用的唯象论方法。在经典理论方面，介绍热力学的基本函数、溶液相平衡的判据及其原理、弗洛里-哈金斯格子理论、基于稀溶液范霍夫理论的表观第二位力系数Γ等，以及由热力学涨落和干涉理论导出的高分子溶液光散射瑞利比。在唯象论方面，介绍计算相图及其实验结果的比较、多组分高分子溶液相平衡、两种不同的高分子与溶剂的三组分溶液相平衡等，以及多分散体系、混合溶剂、浓溶液、光学各向异性体系等特定条件下的光散射表达式，用于测定相互作用函数或表观第二位力系数。对于强聚电解质水凝胶溶胀的热力学，给出了弗洛里理论、HID 理论的描述，并由实验验证。

本书可作为高分子物理、高分子材料领域的专业参考书，也可作为高分子化学与物理专业的研究生教材。

图书在版编目(CIP)数据

高分子溶液热力学/童真编著.—北京：科学出版社，2021.1

(现代化学基础丛书 41/朱清时主编)

ISBN 978-7-03-067730-3

Ⅰ.①高…　Ⅱ.①童…　Ⅲ.①高分子溶液－化学热力学　Ⅳ.①O631.4

中国版本图书馆CIP数据核字(2021)第001883号

责任编辑：杨新改 / 责任校对：杜子昂

责任印制：吴兆东 / 封面设计：东方人华

科 学 出 版 社 出版

北京东黄城根北街 16 号

邮政编码：100717

http://www.sciencep.com

北京九州迅驰传媒文化有限公司 印刷

科学出版社发行　各地新华书店经销

*

2021 年 1 月第　一　版　开本：720 × 1000　1/16

2021 年 1 月第一次印刷　印张：9 1/2

字数：185 000

定价：88.00 元

(如有印装质量问题，我社负责调换)

《现代化学基础丛书》序

如果把牛顿发表“自然哲学的数学原理”的1687年作为近代科学的诞生日，仅300多年中，知识以正反馈效应快速增长：知识产生更多的知识，力量导致更大的力量。特别是20世纪的科学技术对自然界的改造特别强劲，发展的速度空前迅速。

在科学技术的各个领域中，化学与人类的日常生活关系最为密切，对人类社会的发展产生的影响也特别巨大。从合成DDT开始的化学农药和从合成氨开始的化学肥料，把农业生产推到了前所未有的高度，以致人们把20世纪称为“化学农业时代”。不断发明出的种类繁多的化学材料极大地改善了人类的生活，使材料科学成为了20世纪的一个主流科技领域。化学家们对在分子层次上的物质结构和“态-态化学”、单分子化学等基元化学过程的认识也随着可利用的技术工具的迅速增多而快速深入。

也应看到，化学虽然创造了大量人类需要的新物质，但是在许多场合中却未有效地利用资源，而且产生大量排放物造成严重的环境污染。以至于目前有不少人把化学化工与环境污染联系在一起。

在21世纪开始之时，化学正在两个方向上迅速发展。一是在20世纪迅速发展的惯性驱动下继续沿各个有强大生命力的方向发展；二是全方位的“绿色化”，即使整个化学从“粗放型”向“集约型”转变，既满足人们的需求，又维持生态平衡和保护环境。

为了在一定程度上帮助读者熟悉现代化学一些重要领域的现状，科学出版社组织编辑出版了这套《现代化学基础丛书》。丛书以无机化学、分析化学、物理化学、有机化学和高分子化学五个二级学科为主，介绍这些学科领域目前发展的重点和热点，并兼顾学科覆盖的全面性。丛书计划为有关的科技人员、教育工作者和高等院校研究生、高年级学生提供一套较高水平的读物，希望能为化学在新世纪的发展起积极的推动作用。

朱清时

前　言

热力学是一门古老的学科，是关于物质状态变化的唯象论科学，是普适的科学体系。美国科学家约西亚·威拉德·吉布斯(Josiah Willard Gibbs, 1839 年 2 月 11 日—1903 年 4 月 28 日)奠定了其科学的基础。热力学通过熵、内能、自由能的变化，指出物质状态变化的方向，判断体系能否保持稳定，预测反应自发进行的结果。总之，热力学不局限于任何具体的对象，她为我们认识大自然、利用大自然照亮了道路。正如爱因斯坦所说，"一个理论的前提越简单，与之相关的事物越多，适用的范围越宽阔，就越是令人印象深刻。所以，经典热力学给我留下了深刻的印象。热力学是唯一具有普适内容的物理理论，我相信，在其基本概念的适用范围内，永远不会被推翻。"(A theory is the more impressive the greater the simplicity of its premises is, the more different kinds of things it relates, and the more extended is its area of applicability. Therefore the deep impression which classical thermodynamics made upon me. It is the only physical theory of universal content concerning which I am convinced that, within the framework of the applicability of its basic concepts, it will never be overthrown.)[①]。

高分子溶液热力学是将热力学应用于高分子溶液，处理的主要对象是高分子溶液的相分离和相平衡，核心的科学问题就是准确地描述高分子溶液中的相互作用。高分子溶液热力学为高分子科学的诞生和发展起了重要的、不可替代的作用。高分子概念的"出生证"基于分子量，高分子的分子量存在分布，不是一个确定的值，只有用分子量单分散或窄分布的试样才能得到准确的分子量。要深入研究高分子链的构象和松弛，更是必须使用单分散或窄分布的高分子试样。在活性聚合没有诞生的年代依赖的是分级(fractionation)，就是利用分子量不同的高分子在同一溶剂中的溶解性不同的性质，经过多次的相分离沉淀或溶解，获得分子量窄分布的高分子试样。溶解度参数、高分子溶液相图就是分级的科学基础。因此，弗洛里-哈金斯的格

① 引自 Einstein A. Autobiographical Notes // Schilpp P A, Ed. Albert Einstein: Philosopher -Scientist. New York: MJF Books, 1969

子理论、相互作用参数χ、高分子溶液相图在高分子物理中居于重要的地位，美国科学家保罗 • 弗洛里(Paul J. Flory，1910 年 6 月 19 日—1985 年 9 月 9 日)为此做出了杰出的贡献，获得了 1974 年诺贝尔化学奖。

时过境迁，高分子溶液热力学到今天已成了隐学，是一个小众的领域，仅仅存在于对高分子各种结构、行为解释的背后。虽然必不可少，但也无人热情关注。然而，其基本的学术思想和关键的实验结果对今天从事高分子材料研究的人来说，还是具有重要的指导意义的。例如，分子量分布上的差异造成溶液相图的明显不同提醒着人们，为了提高共混高分子材料的性能就必须考虑各组分的分子量分布。遗憾的是，至今没有一部关于高分子溶液热力学的中文版图书，外文图书中关于高分子溶液热力学介绍也非常分散，系统性的专著很少，这是促使我写本书的驱动力。本书不是专著，属特定领域的专业参考书，可作为高分子化学与物理专业的研究生教材。内容主要源于高分子溶液热力学的代表性经典理论和我们的实验结果，并不囊括高分子溶液热力学所有的理论体系[如不包括对应状态(corresponding state)理论、状态方程(equation of state)理论等]，也没有综述其他的论文文献。

第 1 章简单介绍热力学的基础知识、热力学状态量和热力学基本函数。为了后面叙述方便，也介绍一些溶液的浓度变量。第 2 章是溶液相平衡的判据及其热力学原理，同时介绍了溶液相图的测定方法。第 3 章是高分子与溶剂的二组分溶液热力学，这里是严格的二组分体系。从希尔德布兰德(Hildebrand)的正则溶液出发到弗洛里-哈金斯(Flory-Huggins)的格子理论；基于稀溶液范霍夫(van't Hoff)理论的表观第二位力系数Γ；并将由这两种唯象理论计算的相图分别与实验结果进行了比较。第 4 章是多组分高分子溶液相平衡，包括两个分子量不同的同种高分子与溶剂的三组分溶液、多分散高分子与溶剂的三组分溶液、两种不同的高分子与溶剂的三组分溶液，从稀溶液理论建立了三组分溶液相互作用函数与相关二组分相互作用函数的关系，在此基础上计算的相图与实验观测相图达到了定量的一致。第 5 章给出了由热力学涨落和干涉理论严格导出的高分子溶液光散射的方程，并给出了多分散体系、混合溶剂、浓溶液、光学各向异性体系等特定条件下的表达式，用于测定相互作用函数或表观第二位力系数。第 6 章是关于高分子水凝胶溶胀的热力学，高含水的水凝胶尽管与溶液相似，但是高分子链被交联起来就引起了新的问题。该章中还介绍了描述凝胶中静电相互作用的 HID 理论。

书中所参考的笔者的文献是基于日本留学以及回国初期的研究，衷心感谢我的导师藤田博教授(Hiroshi Fujita，1922 年 4 月 10 日—2007 年 3 月 28 日)的教育与指导，感谢荣永义之博士的合作与帮助；还要深深感谢国家自然科学基金长期以来对我科研工作的支持与资助，没有这些就不可能有本书。受限于作者的学术水平与知识面，尽管已经努力修改，但疏漏之处在所难免，如蒙读者指教，不胜感激。

童　真

于华南理工大学五山校区

2020 年 6 月 10 日

目　录

第1章 热力学基础

热力学是研究物质状态变化的唯象性理论，是以关于能量和熵的两个基本定理为基础的普遍性原理，研究与热能有关的能量转化过程。由于所讨论的是宏观性质，研究对象是大量原子、分子的集合体，所得结论具有平均的意义。但是，热力学不涉及发生状态变化或处于不同状态时，所研究物质的微观结构及其变化，也不涉及变化的机理和速率。因此，热力学能够告诉我们在一定的条件下特定的变化是否能够发生，能够进行到什么程度；但不能告诉我们变化所需的时间以及发生变化的微观本质原因。本章主要介绍热力学的基本概念，特别是讨论相平衡所需要的热力学函数及其相互关系。由于没有从统计热力学来引入熵、能量、温度的定义，所以难以表达热力学函数与体系微观状态的关系。关于热力学基础，国内外有很多优秀的教科书可以参考[1-4]。

1.1 基本概念

热力学把自然界分成两部分来考虑，作为研究对象的部分称为体系(system)，体系周围的一切都称为环境(surrounding)，体系通过与环境的相互作用发生状态变化。根据与环境相互作用的不同，常见的有三种体系：孤立体系(isolated system)，体系与环境之间没有物质和能量的交换；封闭体系(closed system)，体系与环境之间没有物质交换，但可以有能量交换；敞开体系(open system)，体系与环境之间既可以有物质交换，也可以有能量交换。所谓的体系和环境是为了研究特定问题而设定的，对于不同的问题，体系和环境的设定会发生改变。

通常用体系的宏观性质，如体积、压力、温度等来描述体系的热力学状态，称为热力学变量。热力学变量分成两类：广度性质(extensive property)变量和强度性质(intensive property)变量。广度性质变量与体系的数量有关，如体积、质量、内能、熵等，具有加和性，即整个体系的某个广度性质变量是各部分该性质变量的总和；广度性质变量在数学上是一次齐函数，即

$f(\lambda x_1, \lambda x_2, \cdots, \lambda x_n) = \lambda f(x_1, x_2, \cdots, x_n)$。强度性质变量与体系的数量无关，如温度、压力、密度、浓度、折光指数；强度性质变量在数学上是零次齐函数。

根据体系中的组分数量，又可分为单组分体系、双组分体系、多组分体系等。组分(component)是数量可以独立改变的物质。根据体系中包含的相的数目，可分为单相体系(single phase system)和多相体系(multiphase system)，前者又称为均匀体系(homogeneous system)，后者则称为非均匀体系(heterogeneous system)。这里所说的相(phase)指的是强度性质一致的空间区域，也就是说在相界面处至少有一个强度性质的量不连续。常见的如气相、液相、固相，会出现几个液相共存或几个固相共存的情况。例如，油水两相共存、不同晶型的晶相孪生，还有气液、气固、液固两相共存等。注意，相的尺寸是没有规定，可以是宏观相，也可以是微观相。

体系中相的强度性质的量与位置无关，具有一定的值，且不随时间变化，这种状态称为平衡状态(equilibrium state)，处于平衡状态的体系称为平衡体系。否则就是非平衡体系，非平衡体系中强度性质的量会随位置变化，一般也会随时间改变。

描述体系状态的必要且充分的状态量称为状态变量(state variable)，可以从热力学变量中任意选取。但独立的状态变量的数目受到平衡体系的组分数 C 和相数 P 的限制，由吉布斯相律(phase rule)决定

$$\Phi = C + 2 - P \tag{1.1}$$

式中，Φ是独立的强度性质的状态变量的数目，又称为自由度。吉布斯相律仅适用于所有的组分在所有的相中都存在的体系。吉布斯相律表明，对于平衡体系，所有的状态量都可以表示成Φ个强度性质状态变量的函数。对于广度性质的状态变量，必要且充分的状态变量数为$\Phi + 1$。

为了使体系保持在平衡状态，环境的状态变量必须保持一定，这些环境状态变量称为外部约束条件(external constraint)。如果这些约束条件变化，体系则向新的平衡状态移动。

1.2　热力学第一定律

热力学第一定律表明，体系和环境的能量总和不变，是能量守恒定律。设体系的内能(internal energy)为 U，体系与环境交换的热量(heat)为 Q，功

(work)为 W，热力学第一定律的微分形式为

$$\mathrm{d}U = \delta Q + \delta W \tag{1.2}$$

热力学第一定律是普遍成立的自然关系，不论体系是否处于平衡状态，也不论构成体系的物质种类和量如何。这里必须区别热和热能(thermal energy)，热能是构成体系的物质的运动能量的总和，是广度性质的状态函数；而热则是在空间移动的热能，不是状态函数。内能是构成体系的物质的所有能量的总和，包括：热能(动能)、势能、化学能、分子间相互作用能、原子核的结合能等。甚至根据相对论 $E = mc^2$(E：能量，m：质量，c：光速)，物质质量本身也可等同于能量，这部分能量也包括在内能中。但是热力学的内能只涉及随体系状态变化而变化的能量，不发生变化的能量不予考虑。式(1.2)中 U 是状态函数，$\mathrm{d}U$ 是 U 的微分，d 表示全微分(total differential)。但是，Q 和 W 不是状态函数，与路径有关，不能微分，δ仅表示无限小的意思，是不确切的微分(inexact differential)。需要注意的是，根据式(1.2)，朝向体系吸收方向的热量和功为正号。

现在，只考虑伴随体系体积变化的功 W，设环境压力为 p'，体系的体积 V 改变了 $\mathrm{d}V$，则

$$\delta W = -p'\mathrm{d}V \tag{1.3}$$

这里的压力是环境的压力，在变化的过程中，体系的压力是不均匀的，无法确切地定义体系的压力。将式(1.3)代入式(1.2)中，得到

$$\mathrm{d}U = \delta Q - p'\mathrm{d}V \tag{1.4}$$

假设变化过程中体系的压力分布均匀、稳定，则这个压力定义为体系的压力 p。p 与环境压力 p'相等时，达到了力学平衡状态，这个过程称为等压过程(isobaric process)。这时可以将式(1.4)中的环境压力 p'换为体系的压力 p ($p = p'$)，

$$\mathrm{d}U = \delta Q - p\mathrm{d}V \tag{1.5}$$

1.3　热力学第二定律

热力学第二定律是指出体系状态变化方向的重要定律，有两种主要的表述方式：克劳修斯(Clausius)原理——热不可能从低温流向高温而不在环

境中留下影响；开尔文(Kelvin)原理——不存在把从热源吸收的热全部转化为功的循环和机器(第二类永动机不能实现)。

为了理解热力学第二定律，可以考虑下面两个过程：一个过程是体系自身以有限速率变化的过程，称为自发过程(spontaneous process)。这种过程不能控制，一般也是不可逆过程(irreversible process)。另一个过程是通过控制环境约束条件，使体系变化过程的每个状态无限接近平衡状态，称为准静态过程，准静态过程相当于可逆过程(reversible process)。所谓可逆过程，是指体系从一个状态变化到另一个状态再回到原来的状态，体系和环境都可以恢复到原样的过程。所谓不可逆过程，是体系、环境不能恢复至原样的过程，当使体系恢复为原样时，就会对环境做功或放热。

热力学第二定律用熵 S(entropy)描述，上述两个过程的数学式为

自发过程
$$\mathrm{d}S > \frac{\bar{\delta} Q}{T'} \tag{1.6}$$

准静态过程
$$\mathrm{d}S = \frac{\bar{\delta} Q}{T} \tag{1.7}$$

这里假设体系从温度为 T' 的环境吸收了微量的热 δQ，但是，准静态过程中体系沿平衡状态变化，体系和环境之间达到了热平衡，所以体系的温度 T 与环境温度 T' 相等，即 $T = T'$。式(1.6)称为克劳修斯不等式，式(1.7)称为克劳修斯等式。

熵 S 是广度性质的状态变量，这是克劳修斯将可逆过程[卡诺(Carnot)循环]的 Q/T 做状态变量时发现和导入的量。根据这个意义，式(1.7)也成为熵 S 的热力学定义(也可以看作是温度 T 的热力学定义)。

对不可逆过程，结合式(1.4)和式(1.6)，

$$\mathrm{d}U < T'\mathrm{d}S - p'\mathrm{d}V \tag{1.8}$$

对可逆过程，将式(1.7)代入式(1.5)，

$$\mathrm{d}U = T\mathrm{d}S - p\mathrm{d}V \tag{1.9}$$

这就是热力学恒等式。

对孤立体系，因为 $\mathrm{d}U = 0$、$\mathrm{d}V = 0$，由式(1.8)得到

$$dS > 0 \tag{1.10}$$

这个式子的语言描述就是“孤立体系的不可逆过程是朝着熵增加的方向变化”。

1.4　判断平衡的条件

体系处于平衡时，不改变约束条件，则不会自发地发生变化。判断一个体系是否处于平衡状态，是设想其在一定的条件下发生微小的变化，这个微小的变化写成δ，如果体系处于平衡状态，对于设想的各种微小变化，克劳修斯不等式(1.6)不能成立。相反，如果这个不等式能够成立，设想的微小变化就能够满足热力学第二定律，也就是还存在自发过程。平衡状态的体系微小的变化必须满足

$$\delta S \ngtr \frac{\delta Q}{T'} \tag{1.11}$$

这就是判断平衡的条件。将对微小变化的热力学第一定律式(1.5)

$$\delta U = \delta Q - p'\delta V \tag{1.12}$$

代入，得到

$$T'\delta S \ngtr \delta U + p'\delta V \tag{1.13}$$

1. 孤立体系

根据约束条件和$\delta U = 0$、$\delta V = 0$，式(1.13)成为

$$\delta S \ngtr 0 \tag{1.14}$$

也就是，如果孤立体系处于平衡状态，则对于任何所发生的变化，熵不能再增大，体系达到了熵最大的状态。

2. 温度均匀和体积一定的体系

这时热平衡成立，即 $T' = T$，由约束条件$\delta V = 0$，从式(1.13)得

$$T'\delta S \ngtr \delta U \tag{1.15}$$

定义亥姆霍斯(Helmholtz)自由能 A

$$A \equiv U - TS \tag{1.16}$$

于是，式(1.15)改为

$$A \not< 0 \tag{1.17}$$

就是说，对于温度 T 和体积 V 一定的体系，如果处于平衡状态，则对于所有可能发生的变化，亥姆霍斯自由能 A 不会减小，即平衡状态是 A 处于极小值的状态。亥姆霍斯自由能 A 是广度性质的状态变量。

3. 温度和压力均匀且一定的体系

这时热平衡和力学平衡成立，即 $T'=T$、$p'=p$，且为一定值。于是由式(1.13)得到

$$\delta(U + p'V - TS) \not< 0 \tag{1.18}$$

由此导入焓(enthalpy) H 与吉布斯自由能 G 的定义：

$$H \equiv U + pV \tag{1.19}$$

$$G \equiv U + pV - TS = H - TS \tag{1.20}$$

将吉布斯自由能 G 代入式(1.18)，得

$$\delta G \not< 0 \tag{1.21}$$

对温度 T 和压力 p 均匀并一定的体系，处于平衡状态时，对所有可能的变化，吉布斯自由能 G 不能减小，即 G 处于极小值的状态。这里的焓 H 和吉布斯自由能 G 都是广度性质的状态变量。

对于一个温度、压力均匀并一定的单组分体系，当气相与液相共存时，能够发生的变化只是两相之间的物质传递，平衡条件由式(1.21)决定。设液相的物质 n_l 摩尔、吉布斯自由能 G_l、单位摩尔的吉布斯自由能 $\underline{G}_l$；同样，气相的物质 n_g 摩尔、吉布斯自由能 G_g、单位摩尔的吉布斯自由能 $\underline{G}_g$，则

$$G_l = n_l\underline{G}_l(T,p), \qquad G_g = n_g\underline{G}_g(T,p) \tag{1.22}$$

如果 δn_l 摩尔的物质由液相移动到气相，这个变化导致 G_l 减少了 $\delta n_l\underline{G}_l(T,p)$，同时 G_g 增加了 $\delta n_l\underline{G}_g(T,p)$。因此，体系总的吉布斯自由能 G 的变化为

$$\delta G = [\underline{G}_{\text{g}}(T,p) - \underline{G}_{\text{l}}(T,p)]\delta n_{\text{l}} \tag{1.23}$$

利用平衡条件式(1.21)判断，平衡时

$$[\underline{G}_{\text{g}}(T,p) - \underline{G}_{\text{l}}(T,p)]\delta n_{\text{l}} \nless 0 \tag{1.24}$$

因为该式对正或负的δn_{l}都要成立，于是得到

$$\underline{G}_{\text{g}}(T,p) = \underline{G}_{\text{l}}(T,p) \tag{1.25}$$

这就是说，对单组分体系，要实现气液相平衡，两相的温度、压力、摩尔吉布斯自由能都必须相等。

1.5　热力学基本函数

根据热力学第二定律，温度和体积一定的体系或者温度和压力一定的体系的不可逆过程，其亥姆霍斯自由能 A 或者吉布斯自由能 G 朝着减少的方向变化；到达平衡状态时，A 或 G 达到极小值。因此，只要给出状态变量 T 和 V 的函数 $A(T, V)$或者状态变量 T 和 p 的函数 $G(T, p)$，其他所有的状态变量都可以由这两个函数得到。所以，A 是以 T 和 V 为自变量的体系的特性函数(characteristic function)；同理，G 也是以 T 和 p 为自变量的体系的特性函数。特性函数又称为母函数(generating function)。对应 S 和 V 为状态自变量的体系的特性函数是内能 $U(S, V)$，对应 S 和 p 为状态自变量的体系的特性函数是焓 $H(S, p)$。

下面推导一个封闭体系在不同平衡条件下状态的热力学量之间的关系。以 T 和 p 为自变量的体系对吉布斯自由能 G[式(1.20)]进行全微分

$$\mathrm{d}G = \mathrm{d}U + p\mathrm{d}V + V\mathrm{d}p - T\mathrm{d}S - S\mathrm{d}T \tag{1.26}$$

结合热力学恒等式(1.9)得

$$\mathrm{d}G = V\mathrm{d}p - S\mathrm{d}T \tag{1.27}$$

于是，

$$V = \left(\frac{\partial G}{\partial p}\right)_T \tag{1.28}$$

$$S = -\left(\frac{\partial G}{\partial T}\right)_p \tag{1.29}$$

将式(1.29)代入 G 的定义式(1.20)，得到焓 H 为

$$H = G - T\left(\frac{\partial G}{\partial T}\right)_p = -T^2\left[\frac{\partial (G/T)}{\partial T}\right]_p \tag{1.30}$$

式(1.30)称为吉布斯-亥姆霍斯关系式。

由焓的定义 $H \equiv U + pV$ 的全微分和热力学恒等式(1.9)得到

$$\mathrm{d}H = T\mathrm{d}S + V\mathrm{d}p \tag{1.31}$$

所以，

$$\left(\frac{\partial H}{\partial p}\right)_T = V + T\left(\frac{\partial S}{\partial p}\right)_T \tag{1.32}$$

由式(1.28)和式(1.29)得到麦克斯韦(Maxwell)关系

$$\left(\frac{\partial V}{\partial T}\right)_p = \frac{\partial^2 G}{\partial p \partial T} = -\left(\frac{\partial S}{\partial p}\right)_T \tag{1.33}$$

由式(1.32)和式(1.33)得到

$$\left(\frac{\partial H}{\partial p}\right)_T = V - T\left(\frac{\partial V}{\partial T}\right)_p = V(1 - \alpha T) \tag{1.34}$$

式中，α是等压热膨胀率。

$$\alpha \equiv \frac{1}{V}\left(\frac{\partial V}{\partial T}\right)_p \tag{1.35}$$

还有等压热容 C_p 和等温压缩系数κ定义为

$$C_p \equiv \left(\frac{\partial H}{\partial T}\right)_p \qquad \kappa \equiv -\frac{1}{V}\left(\frac{\partial V}{\partial p}\right)_T \tag{1.36}$$

以 T 和 V 为自变量的体系，根据热力学恒等式(1.9)得到

$$\left(\frac{\partial U}{\partial V}\right)_T = -p + T\left(\frac{\partial p}{\partial T}\right)_V \tag{1.37}$$

式中，$(\partial U/\partial V)_T \equiv p_{\mathrm{I}}$ 定义为内压(internal pressure)，$(\partial p/\partial T)_V \equiv \beta$ 定义为热压力系数(thermal pressure coefficient)。于是

$$p_{\mathrm{I}} = -p + T\beta \tag{1.38}$$

等体积热容 C_V 定义为：$C_V \equiv (\partial U/\partial T)_V = T(\partial S/\partial T)_V$。

式(1.34)和式(1.37)称为热状态方程(thermal equation of state)。以上的例子说明，对于给定状态变量组合的体系，从相应的基本函数出发，可以导出各种状态函数。

1.6 开 放 体 系

这类体系一般是多组分体系，各组分物质的质量可以改变。这部分还可以参考 Hildebrand 等的专著[5]。组分质量变化可以由化学反应引起，也可以是体系与环境之间存在物质传递。为了简单起见，假设不发生化学反应，组分为 $0, 1, \cdots, r$ 的 $r+1$ 组分体系。如果是溶液，则通常组分 0 为主要溶剂(principal solvent)。组分 $i\,(i = 0, 1, \cdots, r)$ 物质的量为 n_i 摩尔，则体系物质的总量为 n 摩尔

$$n = \sum_{i=0}^{r} n_i \tag{1.39}$$

1. 偏摩尔量与化学位

设体系的温度 T、压力 p 一定，广度性质的状态变量用 Y 表示，Y 是 $T, p, n_0, n_1, \cdots, n_r$ 的函数。当各组分的物质的量 n_i 都增大λ倍时，Y 也增大λ倍，数学上称为一次齐函数(homogeneous function)，即

$$Y(T, p, \lambda n_0, \lambda n_1, \cdots, \lambda n_r) = \lambda Y(T, p, n_0, n_1, \cdots, n_r) \tag{1.40}$$

偏摩尔量(partial molar quantity) Y_i 定义为

$$Y_i \equiv \left(\frac{\partial Y}{\partial n_i}\right)_{T,p,n_j(j\neq i)} \tag{1.41}$$

于是有

$$Y = \sum_{i=0}^{r} n_i Y_i \tag{1.42}$$

注意，各组分的 Y_i 并非是相互独立的。对 Y 全微分得

$$\mathrm{d}Y = \left(\frac{\partial Y}{\partial T}\right)_{p,n_i} \mathrm{d}T + \left(\frac{\partial Y}{\partial p}\right)_{T,n_i} \mathrm{d}p + \sum_{i=0}^{r} Y_i \mathrm{d}n_i \tag{1.43}$$

式(1.42)的全微分是

$$\mathrm{d}Y = \sum_{i=0}^{r}\left(n_i \mathrm{d}Y_i + Y_i \mathrm{d}n_i\right) \tag{1.44}$$

由上面两式得到

$$\left(\frac{\partial Y}{\partial T}\right)_{p,n_i} \mathrm{d}T + \left(\frac{\partial Y}{\partial p}\right)_{T,n_i} \mathrm{d}p - \sum_{i=0}^{r} n_i \mathrm{d}Y_i = 0 \tag{1.45}$$

当 T 和 p 一定时，

$$\sum_{i=0}^{r} n_i \left(\mathrm{d}Y_i\right)_{T,p} = 0 \tag{1.46}$$

两边除以 n，得到

$$\sum_{i=0}^{r} x_i \left(\mathrm{d}Y_i\right)_{T,p} = 0 \tag{1.47}$$

式中，$x_i(\equiv n_i/n)$是组分 i 的摩尔分数。

Y_i 是强度性质的状态变量，所以$(Y_i)_{T,p}$ 仅取决于 $x_1, x_2, \cdots, x_r$。因为 $\sum_{i=0}^{r} x_i = 1$，$r+1$ 个摩尔分数并不独立。

$$(\mathrm{d}Y_i)_{T,p}=\sum_{j=1}^{r}\left(\frac{\partial Y_i}{\partial x_j}\right)_{T,p,x_{k(k\neq 0)}}\mathrm{d}x_j \tag{1.48}$$

将式(1.48)代入式(1.47)

$$\sum_{j=1}^{r}\left[\sum_{i=0}^{r}x_i\left(\frac{\partial Y_i}{\partial x_j}\right)_{T,p,x_{k(k\neq 0)}}\right]\mathrm{d}x_j=0 \tag{1.49}$$

要使上式对所有的 $\mathrm{d}x_j$ 都成立，就必须有

$$\sum_{i=0}^{r}x_i\left(\frac{\partial Y_i}{\partial x_j}\right)_{T,p,x_{k(k\neq 0)}}=0\quad (j=1,2,\cdots,r) \tag{1.50}$$

也就是对所有的 i 组分，Y_i 的变化并不独立，而要满足式(1.50)规定的关系。

图 1.1 给出了二元溶液的摩尔量 $Y_{\mathrm{m}}(=Y/n)$ 与纯组分 0 和 1 的摩尔量 Y_0^{o}、Y_1^{o} 以及溶液中组分 0 和 1 的偏摩尔量 Y_0、Y_1 之间关系的示意图，可见 $Y_{\mathrm{m}}\neq(1-x_1)Y_0^{\mathrm{o}}+x_1Y_1^{\mathrm{o}}$，纯物质的摩尔量没有加和性，因此需要引入具有加和性的偏摩尔量 Y_i。

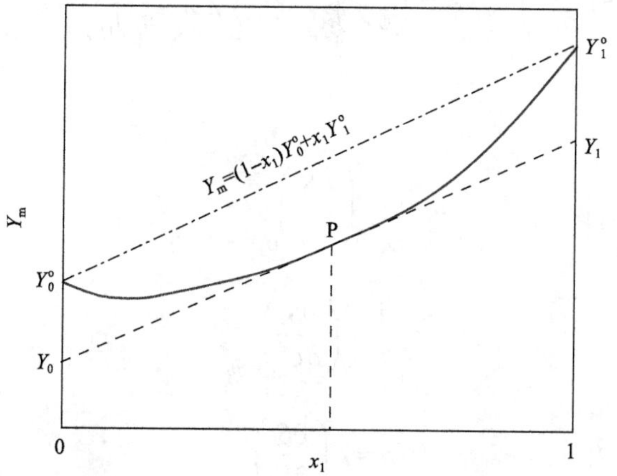

图 1.1　组分 1 的摩尔分数为 x_1 的二元溶液中的摩尔量 Y_{m} 与偏摩尔量 Y_0、Y_1

对状态变量组合为 (S, V) 的开放体系，特性函数是内能 $U(S, V)$，其变化为

$$\mathrm{d}U = T\mathrm{d}S - p\mathrm{d}V + \sum_{i=0}^{r} \mu_i \mathrm{d}n_i \tag{1.51}$$

μ_i是组分 i 的化学位(chemical potential)，是强度性质的状态变量，定义为

$$\mu_i \equiv \left(\frac{\partial U}{\partial n_i}\right)_{S,V,n_j(j\neq i)} \tag{1.52}$$

根据式(1.51)，还有

$$T = \left(\frac{\partial U}{\partial S}\right)_{V,n_i} \tag{1.53}$$

$$p = -\left(\frac{\partial U}{\partial V}\right)_{S,n_i} \tag{1.54}$$

把式(1.51)改写为

$$\begin{aligned}\mathrm{d}S &= \frac{1}{T}\mathrm{d}U + \frac{p}{T}\mathrm{d}V - \sum_{i=0}^{r}\frac{\mu_i}{T}\mathrm{d}n_i \\ &= \left(\frac{\partial S}{\partial U}\right)_{V,n_i}\mathrm{d}U + \left(\frac{\partial S}{\partial V}\right)_{U,n_i}\mathrm{d}V + \sum_{i=0}^{r}\left(\frac{\partial S}{\partial n_i}\right)_{U,V,n_j(j\neq i)}\mathrm{d}n_i\end{aligned} \tag{1.55}$$

由此式得到

$$\mu_i = -T\left(\frac{\partial S}{\partial n_i}\right)_{U,V,n_j(j\neq i)} \tag{1.56}$$

$$\frac{1}{T} = \left(\frac{\partial S}{\partial U}\right)_{V,n_i} \tag{1.57}$$

$$p = T\left(\frac{\partial S}{\partial V}\right)_{U,n_i} \tag{1.58}$$

U 是广度性质的状态变量，

$$U = TS - pV + \sum_{i=0}^{r} \mu_i n_i \tag{1.59}$$

全微分为

$$\mathrm{d}U = T\mathrm{d}S + S\mathrm{d}T - V\mathrm{d}p - p\mathrm{d}V + \sum_{i=0}^{r} \left(\mu_i \mathrm{d}n_i + n_i \mathrm{d}\mu_i \right) \tag{1.60}$$

此式与式(1.51)结合，得到

$$S\mathrm{d}T - V\mathrm{d}p + \sum_{i=0}^{r} n_i \mathrm{d}\mu_i = 0 \tag{1.61}$$

当 T、p 一定时，$r+1$ 个 μ_i 并不独立，由上式参考式(1.49)导出

$$\sum_{i=0}^{r} \left[\sum_{j=0}^{r} n_i \left(\frac{\partial \mu_i}{\partial n_j} \right)_{T,p} \right] \mathrm{d}n_j = 0 \tag{1.62}$$

因为上式要对任何 $\mathrm{d}n_i$ 都成立，只能

$$\sum_{j=0}^{r} n_i \left(\frac{\partial \mu_i}{\partial n_j} \right)_{T,p} = 0 \tag{1.63}$$

这里，式(1.45)、式(1.50)、式(1.61)、式(1.63)都称为吉布斯-杜安(Gibbs-Duhem)关系式。

同理，状态变量组合为(S, p)的开放体系，特性函数是焓 $H(S, p)$，其变化为

$$\mathrm{d}H = T\mathrm{d}S + V\mathrm{d}p + \sum_{i=0}^{r} \mu_i \mathrm{d}n_i \tag{1.64}$$

由此式可得

$$\mu_i = \left(\frac{\partial H}{\partial n_i} \right)_{S,p,n_j(j \neq i)} \tag{1.65}$$

$$V = \left(\frac{\partial H}{\partial p} \right)_{S,n_i} \tag{1.66}$$

$$T = \left(\frac{\partial H}{\partial S} \right)_{p,n_i} \tag{1.67}$$

状态变量组合为(T, V)的开放体系，特性函数是$A(T, V)$，其变化是

$$\mathrm{d}A = -S\mathrm{d}T - p\mathrm{d}V + \sum_{i=0}^{r} \mu_i \mathrm{d}n_i \tag{1.68}$$

于是得到

$$\mu_i = \left(\frac{\partial A}{\partial n_i} \right)_{T,V,n_j(j \neq i)} \tag{1.69}$$

$$S = -\left(\frac{\partial A}{\partial T} \right)_{V,n_i} \tag{1.70}$$

$$p = -\left(\frac{\partial A}{\partial V} \right)_{T,n_i} \tag{1.71}$$

状态变量组合为(T, p)的开放体系，特性函数是$G(T, p)$，其变化是

$$\mathrm{d}G = -S\mathrm{d}T + V\mathrm{d}p + \sum_{i=0}^{r} \mu_i \mathrm{d}n_i \tag{1.72}$$

也有

$$\mu_i = \left(\frac{\partial G}{\partial n_i} \right)_{T,p,n_j(j \neq i)} \tag{1.73}$$

$$S = -\left(\frac{\partial G}{\partial T} \right)_{p,n_i} \tag{1.74}$$

$$V = \left(\frac{\partial G}{\partial p} \right)_{T,n_i} \tag{1.75}$$

吉布斯自由能 G 对化学位具有重要意义，将内能 U 的定义式(1.59)代入 G 的定义式：$G = U + pV - TS$，得到

$$G = \sum_{i=0}^{r} n_i \mu_i \tag{1.76}$$

如果是纯物质，$G = n\mu$，摩尔吉布斯自由能 $G_m (\equiv G/n)$ 与化学位的意义相同。

对多组分体系，摩尔吉布斯自由能为

$$G_m = \sum_{i=0}^{r} \mu_i x_i \tag{1.77}$$

化学位 μ_i 是 $T, p, x_i (i = 1, 2, \cdots, r)$ 的函数，表示成 $\mu_i = \mu_i(T, p, x_1, x_2, \cdots, x_r)$。

2. 组成变量与浓度变量

这里介绍描述溶液常用的组成和浓度变量以及它们之间的关系。

1) 摩尔分数(mole fraction) x_i

定义为组分 i 的摩尔数 n_i 与体系所有物质的摩尔数 n 之比，

$$x_i \equiv n_i/n \tag{1.78}$$

因为 $\sum_{i=0}^{r} x_i = 1$，$r+1$ 个摩尔分数中只有 r 个摩尔分数是独立的。

2) 重量分数(weight fraction) w_i

设组分 i 的重量为 q_i，体系中所有物质的重量为 q，其重量分数定义为

$$w_i \equiv \frac{q_i}{q} = \frac{q_i}{\sum_{j=0}^{r} q_j} \tag{1.79}$$

因为 $\sum_{i=0}^{r} w_i = 1$，也只有 r 个独立的重量分数。设 i 组分的摩尔质量(molar mass)为 M_i，则 $q_i = n_i M_i$，

$$w_i = \frac{x_i M_i}{\sum_{j=0}^{r} x_j M_j}, \qquad x_i = \frac{w_i / M_i}{\sum_{j=0}^{r} \left(w_j / M_j \right)} \tag{1.80}$$

一般不考虑重力加速度差异引起的重量与质量的不同，所以重量分数等于质量分数，不再区别。

3) 体积分数(volume fraction) ϕ_i

纯组分 i 的摩尔体积(molar volume)为 V_i^{o}，比容(specific volume)为 v_i^{o}，体积分数 ϕ_i 与摩尔分数 x_i 或重量分数 w_i 的关系可以写成

$$\phi_i \equiv \frac{x_i V_i^{\mathrm{o}}}{\sum_{j=0}^{r} x_j V_j^{\mathrm{o}}} = \frac{w_i v_i^{\mathrm{o}}}{\sum_{j=0}^{r} w_j v_j^{\mathrm{o}}}, \qquad \sum_{i=0}^{r} \phi_i = 1 \tag{1.81}$$

独立体积分数仍然是 r 个。值得注意的是，这里的摩尔体积 V_i^{o}、比容 v_i^{o} 不能用偏摩尔体积(partial molar volume) V_i 和偏比容(partial specific volume) $v_i (\equiv V_i/M_i)$ 来代替，因为 V_i、v_i 与体系的组成有关，可以是负值(图 1.2)。只有体系的体积不随组成变化时，$V_i^{\mathrm{o}} = V_i$，两者才可以通用。因为溶液体积不具备加和性，这里定义的体积分数只是根据混合前各个纯组分体积的计算值，没有考虑混合带来的摩尔体积变化。同时，不同组分的恒压热膨胀率 α 不同，因此体积分数会随温度改变而改变。

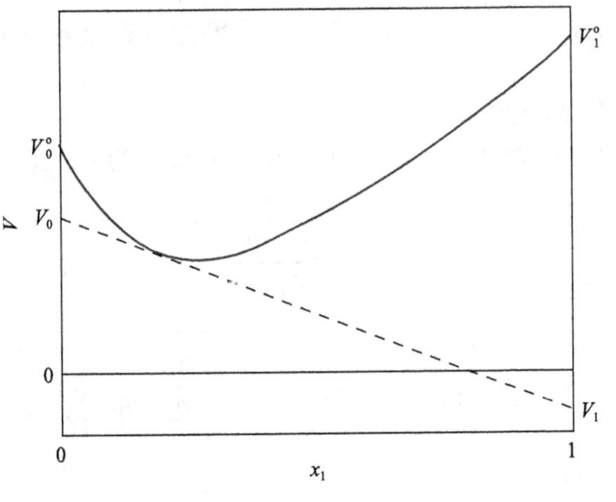

图 1.2　二组分溶液的摩尔体积 V_0^{o}、V_1^{o} 与偏摩尔体积 V_0、V_1

4) 质量摩尔浓度(molality) m_i

定义为单位质量的主要溶剂($i=0$)中所含各组分的摩尔数。

$$m_i \equiv \frac{n_i}{n_0 M_0} = \frac{x_i}{x_0 M_0} \tag{1.82}$$

于是，$m_0 \equiv M_0^{-1}$。

$$x_i = \frac{m_i}{M_0^{-1} + \sum_{j=1}^{r} m_j} = \frac{m_i}{\sum_{j=0}^{r} m_j} \tag{1.83}$$

5) 体积摩尔浓度(volume molality) C_i

定义为单位体积溶液中 i 组分的摩尔数，常称为摩尔浓度。

$$C_i \equiv \frac{n_i}{V} = \frac{x_i}{V_{\mathrm{m}}} = \frac{m_i}{v_{\mathrm{M}}} \tag{1.84}$$

式中，V_{m}是整个溶液的摩尔体积($\equiv V/n$)，v_{M}为单位质量主要溶剂($i=0$)对应的溶液体积，

$$v_{\mathrm{M}} \equiv \frac{V}{n_0 M_0} \tag{1.85}$$

如果用偏摩尔体积 V_i 来表示溶液的体积 V，则

$$V = \sum_{i=0}^{r} n_i V_i \,, \qquad V_i \equiv \left(\frac{\partial V}{\partial n_i}\right)_{T,p,n_j(j\neq i)} \tag{1.86}$$

两边都除以 $n_0 M_0$，得

$$v_{\mathrm{M}} = v_0 + \sum_{i=1}^{r} m_i V_i \tag{1.87}$$

各组分的 C_i 之间有下面的关系：

$$\sum_{i=0}^{r} C_i V_i = 1 \tag{1.88}$$

6) 质量浓度 (mass concentration) c_i

定义为单位体积溶液中 i 组分的质量，

$$c_i \equiv \frac{n_i M_i}{V} = \frac{x_i M_i}{V_{\mathrm{m}}} = \frac{m_i M_i}{v_{\mathrm{M}}} = C_i M_i \tag{1.89}$$

设溶液的密度ρ为

$$\rho = \sum_{i=0}^{r} \rho_i = \sum_{i=0}^{r} c_i = \frac{\sum_{i=0}^{r} n_i M_i}{V} \tag{1.90}$$

同样还有

$$\sum_{i=0}^{r} \frac{c_i V_i}{M_i} = \sum_{i=0}^{r} c_i v_i = 1 \tag{1.91}$$

以上组成变量或者浓度变量中涉及溶液体积的变量，要特别注意，热力学中温度和压力变化的情况很多，都会导致整个体系或各组分的体积变化，于是相应变量的值也会发生变化。

7) 关于量纲

物理量为纯数字与单位的乘积，所以长度 $L = 1.5$ m 也可以表示为 L/m = 1.5，这就是约去了量纲 m。因为表、图中都是数字，所以应该在表头或图的坐标变量中约去量纲。如 L/m，而不应该写成 L(m)。对于数学中 lg x 中的 x 应该是无量纲的，正确的理想气体化学位应该写成 $\mu^{\mathrm{g}}(T,p) = \mu^{\ominus}(T) + RT\ln\left(\dfrac{p}{p^{\ominus}}\right)$，式中 $p^{\ominus}$ 是标准状态的压力，通常选 1 个大气压 (1 atm = 1.01325×10^5 N/m^2)，于是 ln 中的数字为无量纲数；$\mu^{\ominus}(T)$ 是标准状态的化学位。

3. 不同浓度变量的吉布斯-杜安关系

利用这些组成变量或者浓度变量，吉布斯-杜安关系式[式 (1.50)]可以写成以下形式：

$$\sum_{i=0}^{r}\frac{w_i}{M_i}\left(\frac{\partial Y_i}{\partial w_j}\right)_{T,p,w_k(k\neq j)}=0\quad(j=1,2,\cdots,r)\tag{1.92}$$

$$\sum_{i=0}^{r}\frac{\phi_i}{V_i^{\mathrm{o}}}\left(\frac{\partial Y_i}{\partial \phi_j}\right)_{T,p,\phi_k(k\neq j)}=0\quad(j=1,2,\cdots,r)\tag{1.93}$$

$$\sum_{i=0}^{r}m_i\left(\frac{\partial Y_i}{\partial m_j}\right)_{T,p,m_k(k\neq j)}=0\quad(j=1,2,\cdots,r)\tag{1.94}$$

$$\sum_{i=0}^{r}C_i\left(\frac{\partial Y_i}{\partial C_j}\right)_{T,p,C_k(k\neq j)}=0\quad(j=1,2,\cdots,r)\tag{1.95}$$

$$\sum_{i=0}^{r}\frac{c_i}{M_i}\left(\frac{\partial Y_i}{\partial c_j}\right)_{T,p,c_k(k\neq j)}=0\quad(j=1,2,\cdots,r)\tag{1.96}$$

这些式子都称为吉布斯-杜安关系式。

1.7　理想溶液与实际溶液

1. 理想溶液

$r+1$ 种纯液体在一定的温度 T 和压力 p 下混合形成均匀的溶液，设纯液体 i 的量是 n_i 摩尔，混合过程的体积、焓、熵和吉布斯自由能的变化为

$$\begin{aligned}\Delta_{\mathrm{m}}V&\equiv V-\sum_{i=0}^{r}n_iV_i^{\mathrm{o}}=\sum_{i=0}^{r}n_i\Delta_{\mathrm{m}}V_i\\\Delta_{\mathrm{m}}H&\equiv H-\sum_{i=0}^{r}n_iH_i^{\mathrm{o}}=\sum_{i=0}^{r}n_i\Delta_{\mathrm{m}}H_i\\\Delta_{\mathrm{m}}S&\equiv S-\sum_{i=0}^{r}n_iS_i^{\mathrm{o}}=\sum_{i=0}^{r}n_i\Delta_{\mathrm{m}}S_i\\\Delta_{\mathrm{m}}G&\equiv G-\sum_{i=0}^{r}n_i\mu_i^{\mathrm{o}}=\sum_{i=0}^{r}n_i\Delta_{\mathrm{m}}\mu_i\end{aligned}\tag{1.97}$$

式中，

$$\begin{aligned}\Delta_{\mathrm{m}}V_i &\equiv V_i - V_i^{\mathrm{o}}\\ \Delta_{\mathrm{m}}H_i &\equiv H_i - H_i^{\mathrm{o}}\\ \Delta_{\mathrm{m}}S_i &\equiv S_i - S_i^{\mathrm{o}}\\ \Delta_{\mathrm{m}}\mu_i &\equiv \mu_i - \nu_i^{\mathrm{o}}\end{aligned} \tag{1.98}$$

上标 o 表示纯液体，下标 m 表示混合过程。

如果是理想溶液(ideal solution)，则所有组分在整个组成范围内，$\Delta_{\mathrm{m}}\mu_i$ 都可以表示为

$$\Delta_{\mathrm{m}}\mu_i(T,p,x)=RT\ \ln x_i \tag{1.99}$$

式中，R 是气体常数，T 是热力学温度。理想溶液是研究真实溶液热力学性质的重要基础。将式(1.99)代入式(1.74)和式(1.75)，对 n_i 求导且交换求导顺序，得到

$$S_i = -\left(\frac{\partial \mu_i}{\partial T}\right)_{p,x} \qquad V_i = \left(\frac{\partial \mu_i}{\partial p}\right)_{T,x}$$

上式及式(1.99)和式(1.30)给出

$$\begin{aligned}\Delta_{\mathrm{m}}V_i &= \left(\partial\Delta_{\mathrm{m}}\mu_i / \partial p\right)_{T,x} = 0\\ \Delta_{\mathrm{m}}H_i &= -T^2\left[\partial\left(\Delta_{\mathrm{m}}\mu_i / T\right)/\partial T\right]_{p,x} = 0\\ \Delta_{\mathrm{m}}S_i &= -\left(\partial\Delta_{\mathrm{m}}\mu_i / \partial T\right)_{p,x} = -R\ln x_i\end{aligned} \tag{1.100}$$

即

$$\begin{aligned}&\Delta_{\mathrm{m}}V = 0, \quad \Delta_{\mathrm{m}}H = 0\\ &\Delta_{\mathrm{m}}S = -R\sum_{i=0}^{r} n_i \ln x_i\\ &\Delta_{\mathrm{m}}G = RT\sum_{i=0}^{r} n_i \ln x_i\end{aligned} \tag{1.101}$$

因为 $x_i<1$，所以理想溶液的 $\Delta_m S>0$、$\Delta_m G<0$。

1) 拉乌尔(Raoult)定律

设理想溶液上方平衡的气相是理想气体的混合物，其中 i 组分的分压为 p_i，纯液体 i 在此温度下的蒸气压是 p_i°，则气相中组分 i 的化学位 μ_i^{g} 为

$$\mu_i^{g}=\mu_i^{\ominus}(T)+RT\ln\left(p_i/p^{\ominus}\right) \tag{1.102}$$

式中，$\mu_i^{\ominus}(T)$ 是纯组分 i 气体在标准压力 $p^{\ominus}$ 和温度 T 下的化学位。平衡时 μ_i^{g} 与理想溶液的 μ_i 相等，当 $x_i=1$ 时(纯液体)，忽略标准压力下的 $\mu_i^{\ominus}$ 与纯液体的 μ_i° 的不同，

$$p_i=p_i^{\circ}x_i\exp\left\{\left[\mu_i^{\circ}(T,p)-\mu_i^{\circ}\left(T,p_i^{\circ}\right)\right]/RT\right\} \tag{1.103}$$

在通常的压力下，$[\mu_i^{\circ}(T,p)-\mu_i^{\circ}(T,p^{\circ})]/(RT)<<1$，得到拉乌尔定律 $p_i=p_i^{\circ}x_i$。设 $i=0$，$(p_0^{\circ}-p_0)/p_0^{\circ}=1-x_0=x_s$，即理想溶液的溶剂蒸汽压下降等于全部溶质的摩尔分数。

2) 范霍夫(van’t Hoff)定律

将 $(r+1)$ 组分的溶液与纯溶剂(组分 0)用半透膜隔开，半透膜只允许溶剂透过。溶液与溶剂渗透平衡的条件是半透膜两侧溶剂的化学位相等，即 $\mu_0^{\circ}(T,p')=\mu_0(T,p,x)$，$[x\equiv(x_1,x_2,\cdots,x_r)]$。渗透压定义为溶液侧与溶剂侧的压力差，$\pi\equiv p-p'$。通常测定渗透压是固定溶剂侧的压力 p'，测定平衡时一定的溶质浓度 x 下溶液侧的压力 p。此时溶剂的化学位 $\mu_0(T,p')$ 保持一定，尽管溶液中的溶质浓度 x 可以不同，但溶液中溶剂的化学位 $\mu_0(T,p,x)$ 必须与纯溶剂的化学位相等。所以，在溶剂压力 p' 一定的条件下测得的渗透压 π 称为 μ_0 一定的 π。另一种测定方法是固定溶液侧的压力 p，降低溶剂侧的压力 p'，以达到平衡。这个条件下测得的渗透压 π 称为 p 一定的 π。

就 $V_i=\left(\dfrac{\partial\mu_i}{\partial p}\right)_{T,x}$ 对压力从 p' 到 p 积分，被积函数 $V_0(T,p,x)$ 围绕固定的溶剂压力 p' 展开

$$\mu_0(T,p,x)=\mu_0(T,p',x)+\pi V_0+\pi^2V_0\kappa_0/2+\cdots \tag{1.104}$$

式中，κ_0 是溶剂的等温压缩系数。由于液体的压缩率很低，可以忽略第三项及高次项。理想溶液的 $V_0 = V_0^{\mathrm{o}}$，式(1.99)中的 p 用 p' 代替，得到$\mu_0(T, p', x)$，于是式(1.104)成为

$$\mu_0(T,p,x) = \mu_0(T,p') + RT\ln x_0 + \pi V_0^{\mathrm{o}} \tag{1.105}$$

根据μ_0一定时渗透平衡的条件$\mu_0^{\mathrm{o}}(T, p') = \mu_0(T, p, x)$，渗透压

$$\pi = -\left(RT/V_0^{\mathrm{o}}\right)\ln x_0 = -\left(RT/V_0^{\mathrm{o}}\right)\ln\left(1-x_{\mathrm{s}}\right) \tag{1.106}$$

稀溶液 $x_{\mathrm{s}} \ll 1$，展开得到范霍夫定律

$$\pi = \left(RT/V_0^{\mathrm{o}}\right)x_{\mathrm{s}} \tag{1.107}$$

对于理想溶液，p 一定条件下的渗透压π与μ_0一定条件下的π具有完全相同的浓度依赖性。

2. 实际溶液

实际溶液的混合吉布斯自由能一般表示为

$$\Delta_{\mathrm{m}}G = RT\sum_{i=0}^{r} n_i \ln x_i + G^{\mathrm{E}}(T,p,n_0,n_1,\cdots,n_r) \tag{1.108}$$

式中，G^{E}是过剩吉布斯自由能，表示对理想溶液的偏离，是 T、p、n_i 的函数。还可以导出类似于式(1.100)的其他热力学函数，都包括了 G^{E} 函数。

如果不用过剩吉布斯自由能 G^{E}，我们还可以用活度来描述实际溶液。i 组分的活度(activity)定义为 $a_i \equiv f_i x_i$，活度系数(activity coefficient)f_i 定义为

$$\ln f_i \equiv (1/RT)\left(\partial G^{\mathrm{E}}/\partial n_i\right)_{T,p,n_j} \tag{1.109}$$

于是

$$\Delta_{\mathrm{m}}\mu_i = RT\ln x_i + RT\ln f_i = RT\ln a_i \tag{1.110}$$

当 $x_i \to 1$，$\mu_i \to \mu_i^{\mathrm{o}}$，$\Delta_{\mathrm{m}}\mu_i \to 0$，此时，$a_i = 1$ 和 $f_i = 1$。由式(1.76)和

式(1.108)得

$$G^{\mathrm{E}}=RT\sum_{i=0}^{r}n_i\ln f_i \tag{1.111}$$

因此，只要通过实验或理论得到 $f_i(T,p,x)$ $(i=0,1,\ \cdots,r)$，就可以得到 G^{E}。比较式(1.110)和式(1.99)可知，实际溶液中的化学位就是将摩尔分数 x_i 换成了活度 a_i。

实际溶液上部气相中组分 i 的分压 $p_i=p_i^{\mathrm{o}}a_i(T,p,x)$，在 μ_0 一定的条件(即溶剂侧压力 p' 为常数)下的渗透压 π^* 为

$$\pi^*=-\left(RT/V_0^{\mathrm{o}}\right)\ln a_0\left(T,\mu_0,x\right) \tag{1.112}$$

将式(1.110)代入吉布斯-杜安关系式(1.50)，得

$$\sum_{i=0}^{r}x_i\left(\partial\ln a_i/\partial x_j\right)_{T,p,x_k}=0\quad(j=1,\ 2,\cdots,r;k\neq0) \tag{1.113}$$

对二元溶液

$$\left(1-x_1\right)\left(\partial\ln a_0/\partial x_1\right)_{T,p}+x_1\left(\partial\ln a_1/\partial x_1\right)_{T,p}=0 \tag{1.114}$$

可以由渗透压得到 a_0[式(1.112)]，由 $a_0(x_1)$ 得到 a_1[式(1.114)]。这些关系构成了对溶液中各组分活度的约束条件。

对于稀溶液，根据经验性的亨利(Henry)定律，气相中 i 组分的分压 p_i 正比于与之平衡的液相中该组分的溶解度 $x_i(x_i\ll1)$，即 $p_i=k_ix_i$，k_i 是只依赖温度 T 和压力 p 的常数。将此式代入式(1.102)，得到

$$\mu_i^{\mathrm{g}}=\mu_i^{\ominus}(T)+RT\ln\left(k_ix_i/p^{\ominus}\right)\quad(i=1,2,\ \cdots,r) \tag{1.115}$$

气相与液相平衡时

$$\begin{aligned}&\mu_i=\mu_i^{\infty}(T,p)+RT\ln x_i\\&\mu_i^{\infty}(T,p)=\mu_i^{\ominus}(T)+RT\ln\left(k_i/p^{\ominus}\right)\end{aligned} \tag{1.116}$$

利用吉布斯-杜安关系式(1.50)

$$\left(\partial\mu_0/\partial x_j\right)_{T,p,x_k} = -RT/x_0 = -RT\Big/\left(1-\sum_{i=1}^{r}x_i\right) \tag{1.117}$$

对 x_j 积分并令 $x_0\to 1$，$\mu_0\to\mu_0^{\circ}$，则

$$\mu_0 = \mu_0^{\circ}\left(T,p\right)+RT\ \ln x_0 \tag{1.118}$$

也就是说，满足亨利定律的稀溶液，溶剂的化学位与理想溶液中溶剂的化学位相同。所以，溶剂的蒸气压符合拉乌尔定律，渗透压符合范霍夫定律。

当溶液浓度升高，亨利定律不再成立。化学位一般表示成

$$\mu_0 = \mu_0^{\circ}\left(T,p\right)+RT\ \ln a_0 = \mu_0^{\circ}\left(T,p\right)+RT\ \ln\left(f_0x_0\right) \tag{1.119}$$

$$\mu_i = \mu_i^{\infty}\left(T,p\right)+RT\ \ln a_i = \mu_i^{\infty}\left(T,p\right)+RT\ \ln\left(f_ix_i\right)\quad (i=1,2,\ \cdots,r) \tag{1.120}$$

注意，这里是以无限稀为溶质的标准状态的，所以活度 a_i、活度系数 f_i 与前面以纯液体为标准状态定义的不同。

$$\lim_{x_0\to 1}a_i\to 1,\quad \lim_{x_0\to 1}f_i\to 1\qquad (i=0,1,\ \cdots,r) \tag{1.121}$$

为了实际工作方便，常常用各种不同的浓度变量，于是就相应地定义了不同的活度系数，而将常数项都归结到标准状态的化学位中。例如，用质量摩尔浓度时，对无限稀的溶液，式(1.82)可近似为 $x_i = M_0m_i$，代入式(1.120)得到

$$\begin{aligned}\mu_i &= \mu_{im}^{\ominus}\left(T,p\right)+RT\ \ln\left(\gamma_im_i/m^{\ominus}\right)\\ \mu_{im}^{\ominus}\left(T,p\right) &= \mu_i^{\infty}\left(T,p\right)+RT\ \ln\left(M_0m^{\ominus}\right)\end{aligned}\qquad (i=1,2,\ \cdots,r) \tag{1.122}$$

式中，$m^{\ominus}$ 是标准状态的质量摩尔浓度，可选 1 mol/kg；γ_i 是 m_i 对应的活度系数。

参 考 文 献

[1] Atkins P, de Paula J. Physical Chemistry. 10th Ed. New York: W. H. Freeman and Company, 2014.
[2] 傅献彩，沈文霞，姚天扬，侯文华. 物理化学. 第五版. 北京: 高等教育出版社, 2006.
[3] 胡英. 物理化学. 第六版. 北京: 高等教育出版社, 2014.
[4] 彭笑刚. 物理化学讲义. 北京: 高等教育出版社, 2012.
[5] Hildebrand J H, Prausnitz J M, Scott R L. Regular and Related Solutions. New York : Van Nostrand Reinhold Co., 1970.

第 2 章 溶液相平衡

当溶液的强度性质，如温度、压力、密度等随着在溶液中的位置而连续变化时，这个溶液是单相体系；例如，处于离心力场作用下的溶液就是单相体系，尽管组成随半径是连续变化的。液体通过自由表面与其蒸气接触，就构成了气液两相，密度在液体与蒸气的界面发生不连续变化。本章讨论的主要内容是多组分溶液的多相平衡共存的条件[1]。

2.1 可扩散组分的平衡判据

假设一个体系包含 $r+1$ 个组分，为了简单只考虑接触的α相和β相两相。热、功及物质可以自由地通过两相接触的界面，但是整个体系与环境之间用物质不能通过的膜隔离开来。于是，形成了一个两相相互开放的封闭体系。当环境的温度、压力一定时，该体系平衡的条件是两相间实现热平衡和力平衡，也就是

$$T^{\alpha} = T^{\beta} = T \tag{2.1}$$

$$p^{\alpha} = p^{\beta} = p \tag{2.2}$$

组分的微小变化写成 $\delta n_i\,(i = 0, 1, \cdots, r)$，就是 δn_i 摩尔的组分 i 从α相迁移到β相。根据两相处于平衡的条件是 $\delta G \nless 0$[式(1.21)]，各相的吉布斯自由能 G 变化为

$$\delta G^{\alpha} = -\sum_{i=0}^{r} \mu_i^{\alpha} \delta n_i \tag{2.3}$$

$$\delta G^{\beta} = \sum_{i=0}^{r} \mu_i^{\beta} \delta n_i \tag{2.4}$$

式中，μ_i^{α}、μ_i^{β} 分别是α相和β相中 i 组分的化学位。因为体系的 $\delta G = \delta G^{\alpha} + \delta G^{\beta}$，所以 $\delta G = -\sum_{i=0}^{r}\left(\mu_i^{\alpha} - \mu_i^{\beta}\right)\delta n_i$。平衡条件成为

$$\sum_{i=0}^{r}\left(\mu_i^{\alpha}-\mu_i^{\beta}\right)\delta n_i \not> 0 \tag{2.5}$$

上式对正、负值的δn_i都要成立，必须有

$$\mu_i^{\alpha}=\mu_i^{\beta}\quad (i=0,1,\cdots,r) \tag{2.6}$$

这时，体系中组分的移动不会引起吉布斯自由能变化，称为扩散平衡条件。式(2.1)、式(2.2)和式(2.6)的平衡条件对单相体系中的不同部分也是成立的，就是没有外力作用时，整个体系的温度、压力、各组分的化学位在各处都是相同的。

封闭体系在一定的温度、压力下处于平衡时，体系的吉布斯自由能 G 处于极小值($\delta G \not< 0$)，于是，其二阶导数$(\delta^2 G)_{T,p}>0$。如果$(\delta^2 G)_{T,p}<0$，则 G 处于极大值，平衡是不稳定的。如果

$$\left(\delta^2 G\right)_{T,p}=0 \tag{2.7}$$

体系的稳定性就要取决于 G 更高阶导数的正负。

因为对于δn_i的正或负变化，$(\delta^3 G)_{T,p}$不可能都是正值，当$(\delta^2 G)_{T,p}=0$时，平衡稳定的条件是

$$\left(\delta^3 G\right)_{T,p}=0 \quad 与 \quad \left(\delta^4 G\right)_{T,p}>0 \tag{2.8}$$

式(2.7)的条件给出了旋节点(spinodal)，而式(2.7)与式(2.8)的第一个等式给出了临界点(critical point)。这里讨论的平衡稳定性局限于体系中只有很少量的物质移动，当大量的物质在体系中不同的位置之间发生交换时，G 可能还有更小的极小值。这时，对应于很少量物质移动的 G 的局部极小值的平衡状态称为亚稳态(metastable state)，而 G 的最小值所对应的平衡状态称为真的稳定平衡态(truly stable equilibrium state)。

化学位是 T、p、$\{x\}$($\{x\}\equiv x_1, x_2, \cdots, x_r$)的函数，上述体系处于平衡态的条件式(2.1)、式(2.2)、式(2.6)综合为

$$\mu_i^{\alpha}\left(T,p,\left\{x^{\alpha}\right\}\right)=\mu_i^{\beta}\left(T,p,\left\{x^{\beta}\right\}\right) \tag{2.9}$$

如果体系中有ρ个相共存，平衡的一般条件为

$$\mu_0^{\alpha}\left(T,p,\left\{x^{\alpha}\right\}\right)=\mu_0^{\beta}\left(T,p,\left\{x^{\beta}\right\}\right)=\cdots=\mu_0^{P}\left(T,p,\left\{x^{\rho}\right\}\right)$$

$$\mu_1^{\alpha}\left(T,p,\left\{x^{\alpha}\right\}\right)=\mu_1^{\beta}\left(T,p,\left\{x^{\beta}\right\}\right)=\cdots=\mu_1^{P}\left(T,p,\left\{x^{\rho}\right\}\right)$$

$$\cdots$$

$$\mu_r^{\alpha}\left(T,p,\left\{x^{\alpha}\right\}\right)=\mu_r^{\beta}\left(T,p,\left\{x^{\beta}\right\}\right)=\cdots=\mu_r^{P}\left(T,p,\left\{x^{\rho}\right\}\right) \tag{2.10}$$

其中隐含的前提条件是：①所有的组分在所有的相中都存在；②所有的相之间不存在妨碍组分通过的膜(如半透膜)，不存在妨碍热量流动的膜(如隔热膜)，不存在支撑压力差的膜(如耐压壁)。这些前提条件都成立的是单纯体系，由平衡条件可以导出第 1 章的吉布斯-杜安关系式。对于高分子溶液，测定渗透压时的渗透平衡体系不是单纯的体系，溶液相与溶剂相的压力不同，溶质组分也不是在所有的相中都存在。

2.2　二组分溶液的相平衡

为了容易理解，我们先讨论由组分 0 和 1 组成的二组分溶液的相分离、相平衡。通常组分 0 为溶剂、组分 1 为溶质。当体系的温度 T、压力 p、组成都是均匀的，根据 2.1 节的判据可知溶液处于平衡状态。我们来探讨平衡为稳定状态的条件：假设体系是封闭的，被一个可以完全变形的、导热的、两个组分 0 和 1 都可自由透过的薄膜隔离成α区域和β区域，组分 $i(i = 0, 1)$ 在 ν 区域($\nu=\alpha,\beta$)中的量为 n_i^{ν}，有 $n^{\nu}=n_0^{\nu}+n_1^{\nu}$。为了叙述方便，设 $n^{\alpha} \ll n^{\beta}$。在整个溶液中组分 1 的摩尔分数是相同的，$n_0^{\nu}=(1-x_1)n^{\nu}$，$n_1^{\nu}=x_1 n^{\nu}$。体系处于平衡则要求 $(\delta^2 G)_{T,p}>0$，有

$$\left(\delta^2 G\right)_{T,p,n_0,n_1}=\left(\delta^2 G^{\alpha}\right)_{T,p}+\left(\delta^2 G^{\beta}\right)_{T,p}>0 \tag{2.11}$$

G^{ν}是 ν 区域的吉布斯自由能，$n_i = n_i^{\alpha} + n_i^{\beta}(i = 0，1)$。设在一定的温度 T、压力 p 下，少量的组分 0 和 1（δn_0^{α} 和 δn_1^{α}）从β区域迁移至α区域，区域 ν 中 G 的二阶导数 $(\delta^2 G^{\nu})_{T,p}$ 为

$$\left(\delta^2 G^{\nu}\right)_{T,p}=\frac{1}{2}\sum_{i=0}^{1}\sum_{j=0}^{1}\bar{\mu}_{ij}{}^{\nu}\delta n_i^{\nu}\delta n_j^{\nu}>0 \quad (\nu=\alpha,\ \beta) \tag{2.12}$$

式中，

$$\overline{\mu}_{ij}{}^{\nu} \equiv \left(\partial^2 G/\partial n_i \partial n_j\right)_{T,p}^{\nu} = \left(\partial \mu_i/\partial n_j\right)_{T,p,n_k^{\nu}}^{\nu} = \overline{\mu}_{ji}{}^{\nu} \tag{2.13}$$

将式(2.12)代入式(2.11)，并引入限制条件$\delta n_i{}^{\alpha} + \delta n_i{}^{\beta} = \delta n_i = 0$，得

$$\left(\delta^2 G\right)_{T,p,n_0,n_1} = \frac{1}{2}\sum_{i=0}^{1}\sum_{j=0}^{1}\left(\overline{\mu}_{ij}{}^{\alpha} - \overline{\mu}_{ij}{}^{\beta}\right)\delta n_i^{\alpha}\delta n_j^{\alpha} > 0 \tag{2.14}$$

导数 $\overline{\mu}_{ij}{}^{\nu}$ 应是物质平衡时的值，所以，

$$\overline{\mu}_{11}{}^{\nu} = \left(\frac{\partial \mu_1}{\partial x_1}\right)\left[\frac{\partial}{\partial n_1}\left(\frac{n_1}{n_0 + n_1}\right)\right]_{n_0}^{\nu} = \frac{1 - x_1}{n^{\nu}}\left(\frac{\partial \mu_1}{\partial x_1}\right) \tag{2.15}$$

式中省略了平衡时在α与β两区域都有同样值的量的上标ν。利用 $n^{\alpha} << n^{\beta}$，得

$$\overline{\mu}_{00}{}^{\beta} << \overline{\mu}_{00}{}^{\alpha}, \quad \overline{\mu}_{11}{}^{\beta} << \overline{\mu}_{11}{}^{\alpha}, \quad \overline{\mu}_{01}{}^{\beta} = \overline{\mu}_{10}{}^{\beta} << \overline{\mu}_{01}{}^{\alpha} = \overline{\mu}_{10}{}^{\alpha} \tag{2.16}$$

所以，式(2.14)可以简化为

$$\left(\delta^2 G\right)_{T,p,n_0,n_1} = \frac{1}{2}\sum_{i=0}^{1}\sum_{j=0}^{1}\overline{\mu}_{ij}{}^{\alpha}\delta n_i^{\alpha}\delta n_j^{\alpha} > 0 \tag{2.17}$$

读者可能认为只要找到这个$\delta n_i{}^{\alpha}$的二次式总是大于零的数学条件，就可以得到温度、压力一定下均相二元溶液稳定平衡的判据，然而实际情况并非那么简单。

为了便于说明，假设 δn_0^{α} 与 δn_1^{α} 符合下式的关系

$$\delta n_0^{\alpha}/\delta n_1^{\alpha} = (1 - x_1)/x_1 \tag{2.18}$$

这时，α与β两区域都不发生组成变化，也就是说，物质移动前后整个溶液的热力学状态保持不变，实际上相当于只是隔离α与β两区域的膜发生了微小移动。真正有意义的$(\delta^2 G^{\nu})_{T,p}$ 对应的是导致热力学状态改变的移动。所以，只有当 δn_0^{α} 与 δn_1^{α} 不符合式(2.18)时，式(2.17)规定的条件才具有判据的意义。但是，只要 δn_0^{α} 与 δn_1^{α} 能够独立改变，满足式(2.18)的情况总会出现。只有固定 n_0^{α}，改变 n_1^{α} 导致α区域的组成变化，才能导致整个溶液的热

力学状态变化，这时α区域的 x_1 就被改变了。对于均相溶液，α与β两区域的平衡组成 x_1 必须是相同的，也就是式(2.18)对 n_0^{α} 的限制是理所当然会发生的。如果两个区域代表的是组成不同的两相，由明确的界面隔开，就没有上述限制了，n_0^{α} 和 n_1^{α} 都可以独立变化。

保持 n_0^{α} 不变意味着要用一个组分 0 不能通过的膜把α区域从所观察的溶液中隔离出来，为了保证α区域与β两区域压力相等，这个半透膜必须是可以自由变形的，以保证当有物质通过它迁移时体系的压力是相等的。如果这个膜是刚性的，意味着α区域体积一定，物质移动就会在两区域间产生压力差，整个溶液压力一致的条件就被破坏，式(2.17)就不再适用了。

假设 n_0^{α} 一定，则式(2.17)可以简化为

$$\left(\delta^2 G\right)_{T,p,n_0,n_1} = \frac{1}{2}\bar{\mu}_{11}{}^{\alpha}\left(\delta n_1^{\alpha}\right)^2 = \frac{1-x_1}{2n^{\alpha}}\left(\frac{\partial \mu_1}{\partial x_1}\right)_{T,p}\left(\delta n_1^{\alpha}\right)^2 > 0 \tag{2.19}$$

也就是说，如果单相二组分溶液在 T、p 一定下实现热力学稳定，就必须满足

$$(\partial \mu_1/\partial x_1)_{T,p} > 0 \quad 或 \quad (\partial \mu_0/\partial x_1)_{T,p} < 0 \tag{2.20}$$

这两个式子是由吉布斯-杜安关系式相互关联的。

根据上面的条件，如果 μ_1 对 x_1 的关系如图 2.1 中的曲线 a 所示，则二组分溶液在整个 $x_1 = [0, 1]$的范围内都是稳定的，因为 $(\partial \mu_1/\partial x_1)_{T,p} > 0$ 对从 0 到 1 的所有的 x_1 都成立。如果出现曲线 b 代表的情况，则体系在 N′与 N″两点之间是不稳定的，因为 $(\partial \mu_1/\partial x_1)_{T,p} < 0$，所以不能在整个 x_1 范围内都以均匀单相溶液存在。N′点与 N″点可以由以下条件解出

$$(\partial \mu_1/\partial x_1)_{T,p} = 0 \tag{2.21}$$

压力一定而温度变化时，设 μ_1 对 x_1 的关系随温度改变从曲线 b 变化到曲线 a，在这个过程中存在一个特定温度 T_c，此时体系会达到曲线 c 代表的状态。此时曲线出现一个拐点 C，此处曲线是水平的。在 C 点

$$(\partial \mu_1/\partial x_1)_{T,p} = 0\,,\quad \left(\partial^2 \mu_1/\partial x_1{}^2\right)_{T,p} = 0\,,\quad \left(\partial^3 \mu_1/\partial x_1{}^3\right)_{T,p} > 0 \tag{2.22}$$

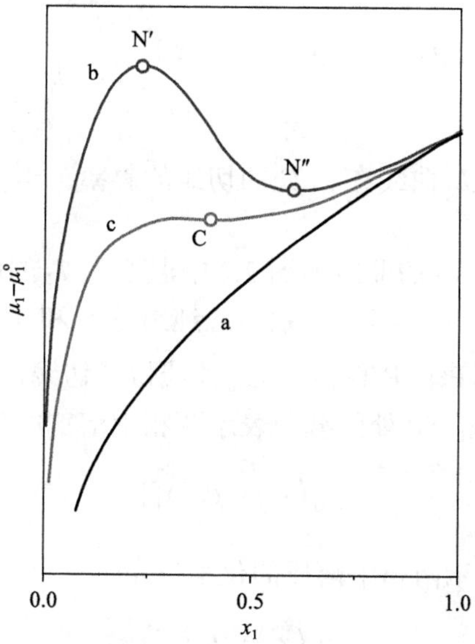

图 2.1　二组分溶液中组分 1 的化学位μ_1与摩尔分数 x_1 的关系

a：稳定单相溶液；b：N′与 N″之间不稳定，不能以单相溶液存在；c：临界溶液，C：临界点

最后一个不等式来自式(2.8)。前面两个等式规定了一个二组分溶液的三个状态量 T、p、x_1 中只能有一个独立的变量；当压力 p 给定后，C 点就是确定的了，该点称为临界点(critical point)。

我们也可以利用第 1 章的摩尔吉布斯自由能 G_m 与 x_1 的函数关系来讨论上述问题。一般说来，对于组成为 x_1 的二组分体系，式(1.77)可以写成

$$G_{\mathrm{m}}(x_1)=(1-x_1)\mu_0(x_1)+x_1\mu_1(x_1) \tag{2.23}$$

该式对 x_1 微分，利用吉布斯-杜安关系式(1.50)，得到

$$\left(\frac{\partial G_{\mathrm{m}}}{\partial x_1}\right)_{T,p}=\mu_1(x_1)-\mu_0(x_1) \tag{2.24}$$

解联立方程(2.23)和方程(2.24)，得

$$\mu_0(x_1)=G_{\mathrm{m}}(x_1)-x_1\left(\frac{\partial G_{\mathrm{m}}}{\partial x_1}\right)_{T,p} \tag{2.25}$$

$$\mu_1(x_1)=G_{\mathrm{m}}(x_1)+(1-x_1)\left(\frac{\partial G_{\mathrm{m}}}{\partial x_1}\right)_{T,p} \tag{2.26}$$

式中，$\left(\frac{\partial G_{\mathrm{m}}}{\partial x_1}\right)_{T,p}$ 是 G_{m} 曲线在 x_1 处的切线的斜率。当体系发生相分离形成共存的两相时，G_{m} 对 x_1 的曲线如图 2.2 中温度为 T_1 的曲线，中间向上凸起（即 $\partial^2 G_{\mathrm{m}}/\partial x_1^{\,2}<0$）。$x_1$=0 和 1 分别对应纯组分 0 和 1 的化学位 μ_0^{o} 和 μ_1^{o}。两相平衡时可以通过 P′和 P″两点对 G_{m} 曲线做公切线，P′和 P″两点的组成为 x_1' 和 x_1''。公切线在 $x_1=0$ 处的截距表示两相中溶剂的化学位

$$\mu_0(x_1')=\mu_0(x_1'') \tag{2.27}$$

而 $x_1=1$ 处的截距表示两相中溶质的化学位

$$\mu_1(x_1')=\mu_1(x_1'') \tag{2.28}$$

这些关系符合两相平衡的条件式(2.6)，因此具有 P′和 P″点表示的组成的两相是平衡共存的。

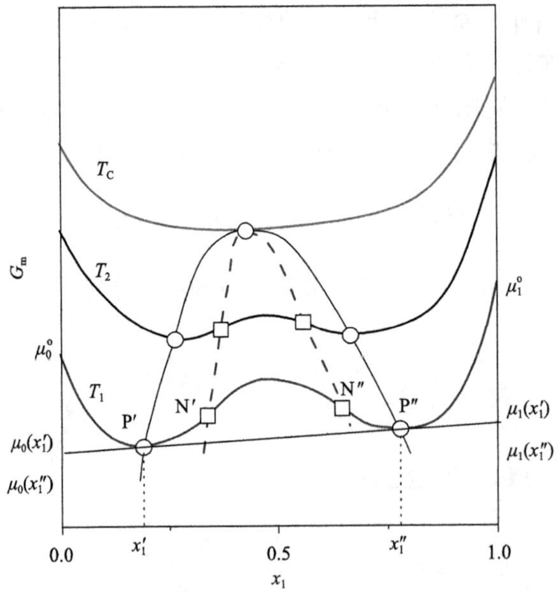

图 2.2　摩尔吉布斯自由能 G_{m} 随组成 x_1 的变化(相平衡概念示意图)

设物质的总量和在两相中的量分别为 n、n'和 n''摩尔，体系整体中的以及在两相中的组分 1 的摩尔分数分别为 x_1、x_1'和 x_1''。于是有

$$n = n' + n'' \tag{2.29}$$

$$nx_1 = n'x_1' + n''x_1'' \tag{2.30}$$

联立解出两相平衡时关于物质的量的杠杆原理(level rule)

$$\frac{n'}{n} = \frac{x_1'' - x_1}{x_1'' - x_1'} \tag{2.31}$$

$$\frac{n''}{n} = \frac{x_1 - x_1'}{x_1'' - x_1'} \tag{2.32}$$

图2.2中温度为 T_1 的 G_m 对 x_1 曲线具有拐点N′和N″，即为旋节点(spinodal)，因为此时有以下关系：

$$\left(\frac{\partial^2 G_m}{\partial x_1^2}\right)_{T,p} = \left(\frac{\partial \mu_1}{\partial x_1}\right)_{T,p} = 0 \tag{2.33}$$

根据温度 T_1 的 G_m 曲线，x_1 从 0 到 P′点以及从 P″点到 1 的二组分体系是稳定的；x_1 从 P′点到 N′点和从 N″点到 P″点的体系处于亚稳态(关于亚稳态的意义后面再讨论)；而 x_1 从 N′点到 N″点的体系是不稳定的。

结合图 2.3 进一步讨论体系的稳定性。设 Q 点表示的二组分溶液相分离成 Q′与 Q″表示的两相，将 Q′点对应的相的摩尔吉布斯自由能写为 G_m'，Q″点对应的相的摩尔吉布斯自由能写为 G_m''，由这两相构成的体系的摩尔吉布斯自由能 G_m^* 为

$$nG_m^* = n'G_m' + n''G_m'' \tag{2.34}$$

将式(2.31)和式(2.32)代入，得

$$G_m^* = G_m' + \frac{x_1^o - x_1'}{x_1'' - x_1'}\left(G_m'' - G_m'\right) \tag{2.35}$$

当 G_m 对 x_1 曲线如图 2.3(a)所示向下弯时，$\left(\partial^2 G_m/\partial x_1^2\right)_{T,p}>0$。由式(2.35)算出的 G_m^* 位于相同 x_1 的 Q 点的正上方，位于连接 Q′点与 Q″点的直线上。所以，G_m^* 比 Q 点对应的吉布斯自由能 G_m^o 要高，根据判断平衡的条件式(1.21)，这个相分离实际上不会发生，Q 点所对应的单相溶液处于稳定状态。

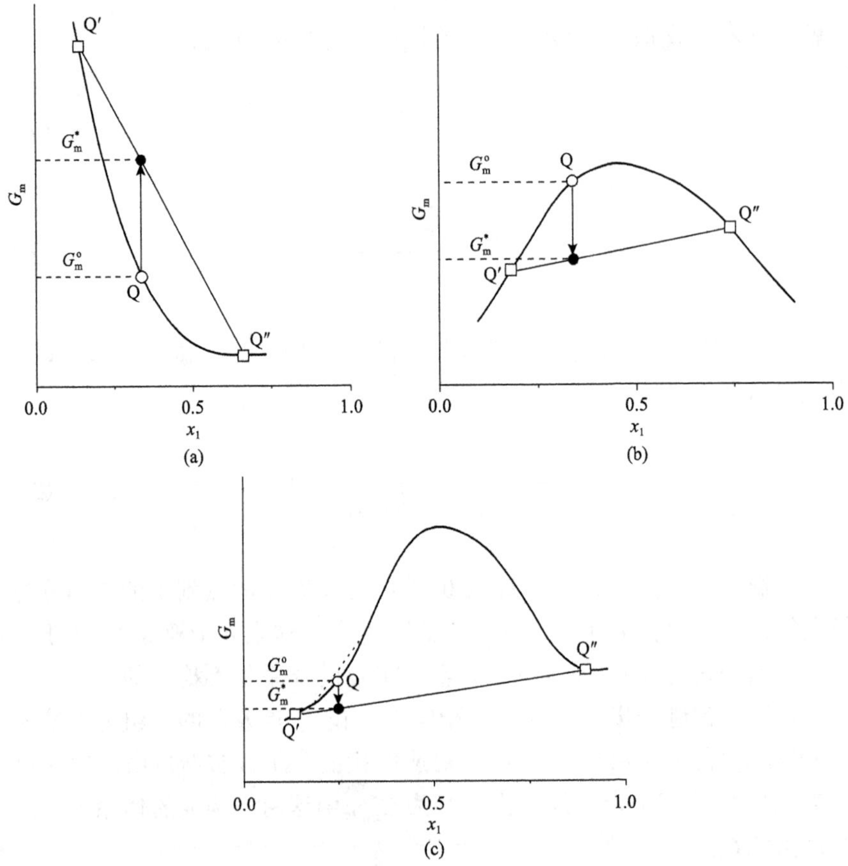

图 2.3　稳定(a)、不稳定(b)和亚稳(c)体系的 G_m 随组成 x_1 变化示意图

当 G_m 对 x_1 曲线如图 2.3(b)所示向上弯时，$\left(\partial^2 G_m/\partial x_1^2\right)_{T,p}<0$，由式(2.35)算出的 G_m^* 位于相同 x_1 的 Q 点的下方，在连接 Q′点和 Q″点的直线上。G_m^* 比 Q 点对应的吉布斯自由能 G_m^o 要低，根据判断平衡的条件式(1.21)，这个相分离会发生，Q 点对应的单相溶液不能稳定存在，体系处于不稳定状态。

所谓亚稳态，是指从局部观察 G_m 处于较小的值，从整体观察 G_m 还有更小的值存在，这个 G_m 较小值的状态就是亚稳态。图 2.2 中温度 T_1 的 G_m 曲线的 P′点与 N′点之间及 N″点与 P″点之间的区域，体系就是处于亚稳态。如图 2.3(c)所示，Q 点代表的体系处于 G_m 曲线向下弯的区域，G_m 曲线的公切线交点 Q′和 Q″代表的两相体系的 G_m^* 低于单相体系的 G_m^o，所以两相溶液是处于稳定的平衡状态。但是，相分离过程中出现微量的浓度低于 Q″的浓相时，体系处于 G_m 曲线的下弯部分[图 2.3(c)中的虚线，图 2.2 中曲线的 P′N′和 N″P″部分]，这时两相体系的 G_m^* 高于单相体系的 G_m^o，所以 Q 点代表的体系处于亚稳态，这些组成构成的区域称为亚稳区域，这种相分离是两相浓度逐渐变化的旋节点分解(spinodal decomposition)。只有到达距 Q 点较远的 Q″点时，才能形成平衡状态的两相溶液。

将图 2.2 中 P′点与 P″点以及 N′点与 N″点对应的温度 T 对溶液中组分 1 的摩尔分数 x_1 作图，得到图 2.4 中的曲线。连接不同温度的 P′点和 P″点的曲线(图中的粗实线)称为共存线(coexistence curve)，对应的点称为双节点(binodal)，这个图称为相图(phase diagram)。根据图 2.4，在共存线上方(高温)的区域为单相区域，在共存线下方(低温)的区域为两相区域。当温度为 T_1 时，组成为 P 的单相溶液是不能稳定存在的，将分离成 P′点和 P″点代表的平衡的两相溶液。根据式(2.31)和式(2.32)，P′相与 P″相所含物质

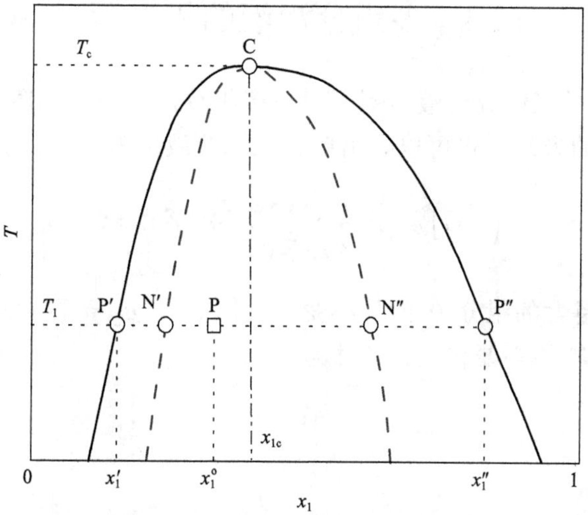

图 2.4　两组分溶液的相图示意图

粗实线：双节点(binodal)线，虚线：旋节点(spinodal)线，C：临界点

的摩尔数之比 n'/n''等于 PP″与 P′P 线段的长度之比。连接共存两相 P′和 P″的线段称为连接线(tie line)。当体系位于共存线的上方高温区域时，呈现均匀透明的单相溶液，随着温度降低达到共存线时，开始发生相分离。在均匀透明的溶液中出现微量的另一浓度的溶液，溶液变得浑浊，这个温度称为浊点(cloud point)温度或者沉淀点(precipitation point)温度。表示浊点与组成关系的曲线称为浊点线(cloud point curve)。对于严格的两组分体系，浊点线与共存线是一致的；而对于多组分体系则是不同的。将不同温度的 N′点和 N″点连接起来的曲线称为旋节点线，旋节点线下方(低温)区域是不稳定区域，旋节点线和共存线之间的区域是亚稳态区域。

共存线和旋节点线在某个温度 T_c 发生相切，这个温度是临界温度，溶液的临界组成为 x_{1c}，这个点就是临界点，如图 2.4 所示。如果两相分离区域出现在临界点下方的低温区域，则这个临界温度称为上临界溶液温度(upper critical solution temperature，UCST)。相反，若两相分离区域出现在临界点上方的高温区域，则这个温度称为下临界溶液温度(lower critical solution temperature，LCST)。还有一些体系相图的共存线为环形，同时具有上临界溶液温度和下临界溶液温度；也有一些体系同时具有向上和向下的共存线，在中间的温度区域是单相体系。

2.3　多组分溶液的相平衡

这里，先以三组分溶液为例，讨论多组分溶液的相平衡热力学。参考推导式(2.17)的方法，也可以导出单相三元溶液平衡稳定的条件为

$$\left(\delta^2 G\right)_{T,p,n}=\frac{1}{2}\sum_{i=1}^{2}\sum_{j=1}^{2}\bar{\mu}_{ij}^{\alpha}\delta n_i^{\alpha}\delta n_j^{\alpha}>0 \tag{2.36}$$

设α区域中所包含的组分 0 的量不变，利用 $\bar{\mu}_{12}=\bar{\mu}_{21}$，得到式(2.36)中 δn_i^{α} 的二次式大于零的必要和充分条件为

$$\bar{\mu}_{11}^{\alpha}>0 \tag{2.37}$$

和

$$\begin{vmatrix}\bar{\mu}_{11}^{\alpha} & \bar{\mu}_{12}^{\alpha}\\ \bar{\mu}_{21}^{\alpha} & \bar{\mu}_{22}^{\alpha}\end{vmatrix}=\bar{\mu}_{11}^{\alpha}\bar{\mu}_{22}^{\alpha}-\left(\bar{\mu}_{12}^{\alpha}\right)^2>0 \tag{2.38}$$

由上面两个不等式还可以得到 $\overline{\mu}_{22}^{\alpha} > 0$。

设 $\mu_{ij} \equiv \left(\partial \mu_i / \partial m_j\right)_{T,p,m_k} = \mu_{ji}$，根据式(1.82)得 $\overline{\mu}_{ij}^{\alpha} = \left(n_0^{\alpha} M_0\right)^{-1} \mu_{ij}$，式(2.37)和式(2.38)可以写成

$$\mu_{11} > 0，\quad \mu_{11}\mu_{22} - \left(\mu_{12}\right)^2 > 0 \tag{2.39}$$

注意：$\left(\partial \mu_i / \partial x_j\right)_{T,p,x_k} \neq \left(\partial \mu_j / \partial x_i\right)_{T,p,x_k}$，但是$\mu_{ij} = \mu_{ji}$，说明在讨论多组分溶液平衡的稳定性时，用质量摩尔浓度 m_i 作为浓度变量更方便。

根据吉布斯相律，单相三元溶液的状态可以用四个强度性质的变量来描述，如果取 T、p、m_1 和 m_2，则当 T、p 一定时，体系的状态可以在 m_1–m_2 平面上描述。该平面上$\mu_{11} = 0$、$\mu_{22} = 0$ 和$\mu_{11}\mu_{22} - (\mu_{12})^2 = 0$ 的三条线代表着三元溶液不稳定区域的边界，但是其中只有一条具有溶液在给定 T 和 p 条件下的旋节点线的物理意义。如果$\mu_{11} = 0$ 或$\mu_{22} = 0$，则$\mu_{11}\mu_{22} - (\mu_{12})^2 < 0$，这意味着$\mu_{11} = 0$ 和$\mu_{22} = 0$ 的线位于以$\mu_{11}\mu_{22} - (\mu_{12})^2 = 0$ 线为边界的不稳定区域中。所以，旋节点线应该由条件

$$\mu_{11}\mu_{22} - (\mu_{12})^2 = 0 \tag{2.40}$$

决定。一般在这条线上 $\mu_{11} > 0$ 和 $\mu_{22} > 0$。

数学上，当 z 和 u 都是 x 与 y 的函数，z 一定时，有

$$\left(\frac{\partial y}{\partial x}\right)_z = -\frac{\left(\partial z / \partial x\right)_y}{\left(\partial z / \partial y\right)_x},$$

u 一定时有

$$\left(\frac{\partial z}{\partial x}\right)_u = \left(\frac{\partial z}{\partial x}\right)_y - \left(\frac{\partial z}{\partial y}\right)_x \frac{\left(\partial u / \partial x\right)_y}{\left(\partial u / \partial y\right)_x}$$

所以，

$$\left(\partial \mu_2 / \partial m_2\right)_{\mu_1} = \left(\frac{\partial \mu_2}{\partial m_2}\right)_{m_1} - \left(\frac{\partial \mu_2}{\partial m_1}\right)_{m_2} \left(\frac{\left(\partial \mu_1 / m_2\right)_{m_1}}{\left(\partial \mu_1 / \partial m_1\right)_{m_2}}\right)_{\mu_1} = \left[\mu_{11}\mu_{22} - \left(\mu_{12}\right)^2\right] \Big/ \mu_{11} \tag{2.41}$$

于是，式(2.40)等效于

$$\left(\partial\mu_2/\partial m_2\right)_{T,p,\mu_1}=0 \tag{2.42}$$

当 T、p、μ_1 一定时，将μ_2对 m_2 作图，也可以得到类似图 2.1 的曲线，如果曲线上有最大值和最小值，那么这些点满足式(2.42)，它们是该条件下的旋节点。与二组分溶液相似，得到三组分溶液在 T、p、μ_1 一定时的临界点的条件是式(2.42)与

$$\left(\partial^2\mu_2/\partial {m_2}^2\right)_{T,p,\mu_1}=0 \tag{2.43}$$

在给定 T 与 p 下的临界点是在 m_1–m_2 平面上的一个点。

上面这些关系式也可用摩尔吉布斯自由能$G_{\rm m}$和摩尔分数x_1、x_2来表示，由 x_i 与 m_i 关系式(1.83)得到

$$\mu_{ij}=\sum_{k=1}^{2}\left(\frac{\partial\mu_i}{\partial x_k}\right)_{x_l}\left(\frac{\partial x_k}{\partial m_j}\right)_{m_l}=\left(m_0+m_1+m_2\right)^{-1}\left[\left(\frac{\partial\mu_i}{\partial x_j}\right)_{x_l}-\sum_{k=1}^{2}x_k\left(\frac{\partial\mu_i}{\partial x_k}\right)_{x_l}\right] \tag{2.44}$$

由于

$$\mu_i=G_{\rm m}+G_i-\sum_{k=1}^{2}x_kG_k$$

其中 $G_i\equiv\left(\partial G_{\rm m}/\partial x_i\right)_{T,p,x_l}$；所以，

$$\left(\partial\mu_i/\partial x_j\right)_{x_l}=G_{ij}-\sum_{k=1}^{2}x_kG_{kj}$$

其中 $G_{ij}\equiv\left(\partial^2G_{\rm m}/\partial x_i\partial x_j\right)_{T,p,x_l}$。式(2.44)可以写为

$$\mu_{ij}=\left(\sum\nolimits_k m_k\right)^{-1}\left(G_{ij}-\sum_{k=1}^{2}x_kG_{kj}-\sum_{l=1}^{2}x_lG_{il}+\sum_{k=1}^{2}\sum_{l=1}^{2}x_kx_lG_{kl}\right) \tag{2.45}$$

对于多组分溶液，利用矩阵

$$\underset{\sim}{\mu}\equiv\begin{pmatrix}\mu_{11} & \mu_{12}\\ \mu_{21} & \mu_{22}\end{pmatrix}\quad \underset{\sim}{G}\equiv\begin{pmatrix}G_{11} & G_{12}\\ G_{21} & G_{22}\end{pmatrix}\quad \underset{\sim}{x}\equiv\begin{pmatrix}x_1 & x_1\\ x_2 & x_2\end{pmatrix}\quad \underset{\sim}{E}\equiv\begin{pmatrix}1 & 0\\ 0 & 1\end{pmatrix} \tag{2.46}$$

式 (2.45) 可以写成

$$\begin{aligned}\underset{\sim}{\mu} &= \left(\sum\nolimits_k m_k\right)^{-1}\left(\underset{\sim}{G} - \underset{\sim}{x}^{\mathrm{T}}\underset{\sim}{G} - \underset{\sim}{G}\underset{\sim}{x} + \underset{\sim}{x}^{\mathrm{T}}\underset{\sim}{G}\underset{\sim}{x}\right) \\ &= \left(\sum\nolimits_k m_k\right)^{-1}\left(\underset{\sim}{E} - \underset{\sim}{x}^{\mathrm{T}}\right)\underset{\sim}{G}\left(\underset{\sim}{E} - \underset{\sim}{x}\right)\end{aligned} \tag{2.47}$$

式中，$\underset{\sim}{x}^{\mathrm{T}}$ 是 $\underset{\sim}{x}$ 的转置矩阵。所以，$\underset{\sim}{\mu}$ 和 $\underset{\sim}{G}$ 的行列式表示为 $\left|\underset{\sim}{\mu}\right|$ 和 $\left|\underset{\sim}{G}\right|$，得

$$\left|\underset{\sim}{\mu}\right| = \left(\sum\nolimits_k m_k\right)^{-1}(1 - x_1 - x_2)^2\left|\underset{\sim}{G}\right| \tag{2.48}$$

旋节点的条件式 (2.40) 可以写成：

$$\left|\underset{\sim}{G}\right| = G_{11}G_{22} - (G_{12})^2 = 0 \tag{2.49}$$

对应于式 (2.42)，同样有

$$\left(\partial G_1/\partial x_1\right)_{T,p,G_2} = 0 \tag{2.50}$$

对应于式 (2.43)，利用 $\left|\underset{\sim}{G}\right| = 0$ 的条件，有

$$\begin{aligned}\left(\frac{\partial^2 G_1}{\partial {x_1}^2}\right)_{T,p,G_2} &= \left[\frac{\partial}{\partial x_1}\left(\frac{\left|\underset{\sim}{G}\right|}{G_{22}}\right)\right]_{G_2} = \frac{1}{G_{22}}\left(\frac{\partial\left|\underset{\sim}{G}\right|}{\partial x_1}\right)_{G_2} \\ &= \frac{1}{G_{22}}\left[\left(\frac{\partial\left|\underset{\sim}{G}\right|}{\partial x_1}\right)_{x_2} - \left(\frac{\partial\left|\underset{\sim}{G}\right|}{\partial x_2}\right)_{x_1}\left(\frac{G_{21}}{G_{22}}\right)\right] \\ &= \frac{1}{(G_{22})^2}\left[\left(\frac{\partial\left|\underset{\sim}{G}\right|}{\partial x_1}\right)_{x_2} G_{22} - \left(\frac{\partial\left|\underset{\sim}{G}\right|}{\partial x_2}\right)_{x_1} G_{21}\right] = 0\end{aligned} \tag{2.51}$$

上式还可以重排成

$$\begin{vmatrix}\left(\partial\left|\underset{\sim}{G}\right|/\partial x_1\right)_{x_2} & \left(\partial\left|\underset{\sim}{G}\right|/\partial x_2\right)_{x_1} \\ G_{21} & G_{22}\end{vmatrix} = 0 \tag{2.52}$$

G_2 一定时的溶液的临界点就由式 (2.50) 和式 (2.52) 决定。

在表示三个组分的三角相图上加上表示 $G_{\mathrm{m}}(x_1, x_2)$ 的纵轴，T 和 p 变化导致发生两相分离时体系的 $G_{\mathrm{m}}(x_1, x_2)$ 曲面如图 2.5 所示。G_{m} 曲面上的粗虚

线表示上凸部分与下弯部分交界的拐点，决定相图中的旋节点线。C 点为临界点。对 G_m 曲面的上凸部分作切面 $B_0B_1B_2$，得两个切点 P′和 P″，于是，得到下列关系：

$$\mu_0\left(T,p,x_1',x_2'\right)=\mu_0\left(T,p,x_1'',x_2''\right) \tag{2.53}$$

$$\mu_1\left(T,p,x_1',x_2'\right)=\mu_1\left(T,p,x_1'',x_2''\right)$$

$$\mu_2\left(T,p,x_1',x_2'\right)=\mu_2\left(T,p,x_1'',x_2''\right)$$

式中，(x_1'，x_2')和(x_1''，x_2'')分别是 P′和 P″点在三角相图上的组成坐标。

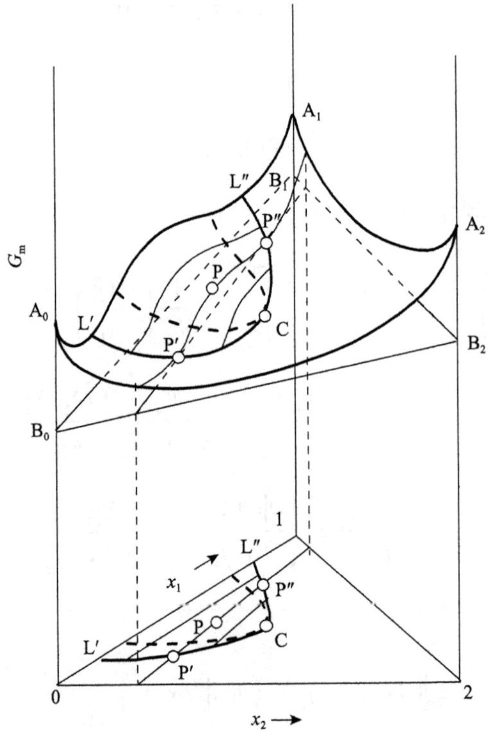

图 2.5　三组分溶液在一定温度、压力下发生两相分离的摩尔吉布斯自由能 G_m 曲面示意图

假设一个组成为(x_1，x_2)的三组分溶液发生相分离，形成 P′和 P″两点表示的两相，根据质量守恒得到类似于两组分溶液式(2.31)和式(2.32)的杠杆原理

$$\frac{n''}{n}=\frac{x_1-x_1'}{x_1''-x_1'} \quad 和 \quad \frac{n''}{n}=\frac{x_2-x_2'}{x_2''-x_2'} \tag{2.54}$$

于是得到

$$(x_2-x_2')/(x_1-x_1')=(x_2''-x_2')/(x_1''-x_1') \tag{2.55}$$

图 2.6 给出了 P(x_1, x_2)、P′(x_1', x_2')和 P″(x_1'', x_2'')在三角相图上的位置。式(2.55)要求直线 P′P 与直线 PP″斜率相同，也就是 P、P′与 P″三点在同一条直线上。可以证明 n'/n'' = PP″/PP′，这是三组分溶液的杠杆原理，连接共存两相 P′和 P″的线段也称为连接线。

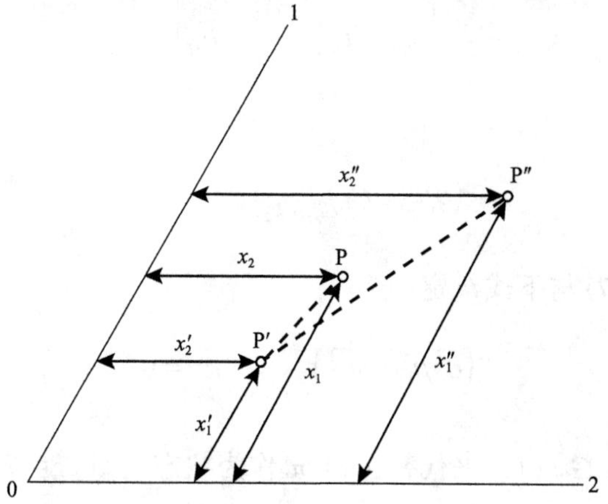

图 2.6　三组分溶液的杠杆原理，P、P′和 P″三点共线示意图

将切面 $B_0B_1B_2$ 沿 G_m 曲面的两相区域连续滚动并保持两点相切，得到一系列连续的切点 P′与 P″，将其轨迹投影到三角相图平面，得到图 2.5 中的粗实线 L′P′CP″L″。这条曲线就是三组分溶液的双节点线，双节点线与旋节点线在临界点 C 处相切，P′点与 P″点在临界点汇合，在几何上等效于褶点(plait point)。与二组分溶液一样，位于旋节点线内的体系是不稳定的，位于旋节点线与双节点线之间的体系是处于亚稳态的，位于双节点线外的体系才是稳定的。

在给定 T、p、x_1、x_2 的条件下，三组分溶液相分离形成的平衡两相的组成(x_1', x_2')和(x_1'', x_2'')可由联立方程(2.53)和方程(2.55)解出。T 与 p 一定时表现为 x_1 与 x_2 的函数，可以绘出双节点线，但不会都像图 2.5 中的那么简单。由式(2.49)解出的旋节点线也不总是那样简单，由式(2.49)和式(2.52)解出的临界点有时还不止一个。

将上述关于三组分溶液相平衡的讨论推广到一般的(r+1)组分的体系，这时要将式(2.36)的两个求和上限改为 r。因为 $\overline{\mu}_{ij}{}^{\alpha}=\left(n_0{}^{\alpha}M_0\right)^{-1}\mu_{ij}$ 对一般化的体系也适用，平衡稳定的条件为 $\left|\underset{\sim}{\mu}\right|>0$，$\left|\underset{\sim}{\mu}\right|$ 是元素为 μ_{ij} 的 r 阶行列式。类似于旋节点的条件式(2.40)，有

$$\left|\underset{\sim}{\mu}\right|=\begin{vmatrix}\mu_{11} & \mu_{12} & \cdots & \mu_{1r}\\ \mu_{21} & \mu_{22} & \cdots & \mu_{2r}\\ \cdots & \cdots & \cdots & \cdots\\ \mu_{r1} & \mu_{r2} & \cdots & \mu_{rr}\end{vmatrix}=0 \tag{2.56}$$

上式可以写成

$$\left(\partial\mu_1/\partial m_1\right)_{T,p,\mu_2,\cdots,\mu_r}=0 \tag{2.57}$$

临界点由式(2.57)与下式决定

$$\left(\partial^2\mu_1/\partial m_1{}^2\right)_{T,p,\mu_2,\cdots,\mu_r}=0 \tag{2.58}$$

如果我们用 G_{m} 和 x_i 来代替 μ_i 和 m_i 作为状态变量，旋节点可由式(2.59)得到

$$\left|\underset{\sim}{G}\right|=\begin{vmatrix}G_{11} & G_{12} & \cdots & G_{1r}\\ G_{21} & G_{22} & \cdots & G_{2r}\\ \cdots & \cdots & \cdots & \cdots\\ G_{r1} & G_{r2} & \cdots & G_{rr}\end{vmatrix}=0 \tag{2.59}$$

式(2.59)结合式(2.60)可以得到临界点。

$$\left|\underset{\sim}{G}\right|=\begin{vmatrix}\left(\partial\left|\underset{\sim}{G}\right|/\partial x_1\right) & \left(\partial\left|\underset{\sim}{G}\right|/\partial x_2\right) & \cdots & \left(\partial\left|\underset{\sim}{G}\right|/\partial x_r\right)\\ G_{21} & G_{22} & \cdots & G_{2r}\\ \cdots & \cdots & \cdots & \cdots\\ G_{r1} & G_{r2} & \cdots & G_{rr}\end{vmatrix}=0 \tag{2.60}$$

其中的偏导数 $\partial|\underset{\sim}{G}|/\partial x_i$ 是除 x_i 以外的摩尔分数都不变的条件下的值。以上关于多组分体系的理论最早是由吉布斯给出的①。

也可以用重量分数 w_i 作为组成变量，这时就要用溶液单位重量的吉布斯自由能 G_w 来代替以上公式中的 G_m。还可以用式(1.81)定义的体积分数 ϕ_i 作为组成变量，此时要用 $G_\phi \equiv G/\sum n_i V_i^o$，且 $G_i^\phi \equiv (\partial G_\phi/\partial \phi_i)_{T, p, \phi_j}$ 和 $G_{ij}^\phi \equiv (\partial^2 G_\phi/\partial \phi_i \partial \phi_j)_{T, p, \phi_k}$。

2.4　高分子溶液相图的测定

通过实验可以绘出溶液的相图，考虑到溶液的不可压缩性，一般是测定在一定压力下不同温度、组成的溶液的浊点、旋节点、临界点等，将其连接起来，得到浊点曲线、旋节点线、共存曲线、连接线等，构成该溶液在这个压力下的相图。

1. 测定浊点温度

组成一定的单相溶液是透明的液体，在温度下降(UCST 型)或上升(LCST 型)而进入两相区域时，随着微量的另一相的出现，溶液出现浑浊。溶液的浓度低于临界浓度时，新出现的是浓溶液相；溶液的浓度高于临界浓度时，新出现的是稀溶液相。浊点温度就是溶液出现混浊时的温度，由测定溶液透光率随温度的变化得到。图 2.7 记录的是一定的降温速率下，溶液透光率随时间的变化[2]。因为相图所描述的是热力学平衡状态，所以严格地说，浊点温度与温度变化的速率无关。为了保证体系内部温度、组成均匀，且与恒温槽温度处于平衡状态，要使温度的变化速率尽量慢一些，且还要保持均匀一致。

2. 测定旋节点

根据旋节点的热力学条件式(2.7)，三组分溶液要满足式(2.40)，多组分溶液要满足式(2.56)。代入光散射式中可知，这时散射光的强度无穷大，利用这个原理可以测定旋节点。在不同温度下测定溶液的散射光强度 I，将其倒数 I^{-1} 对温度 T 作图，外插到 $I^{-1} = 0$，得到旋节点温度 T_s。图 2.8 就是一个例子[3]，I_{30} 为散射角 30° 的散射强度，T_s 为旋节点温度。通常，光散射

① Gibbs J W. The Collected Works. Vol. I. New York: Longmans, Green and Co., 1928

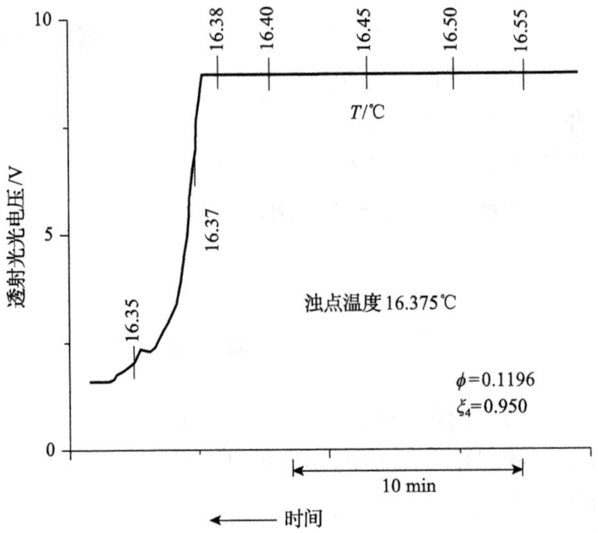

图 2.7　测定浊点时，降温过程中溶液透光率随时间的变化(图中的数字为温度)

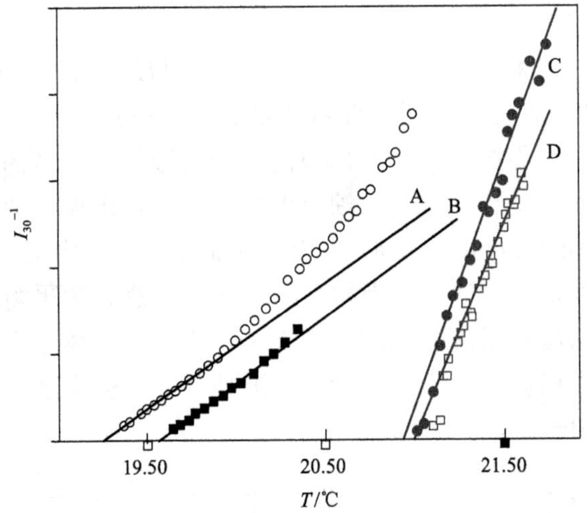

图 2.8　4 种苯乙烯+环己烷(PS + CH)溶液 30°散射光强倒数 I_{30}^{-1} 对温度 T 的变化，外插得到各自的旋节点温度 T_s

只能用于均匀的单相体系，也就是应该在浊点温度之上测定。对于测定旋节点温度来说，当溶液的浓度在临界点附近时，因旋节点温度与浊点温度接近，外插距离不远。当溶液浓度离临界浓度较远时，要从单相溶液的温度外插到旋节点温度，外插距离远，会带来很大的误差。

3. 测定共存曲线与连接线

测定给定温度下平衡两相的浓度与组成，一般先测定浊点曲线，然后进一步降低(或升高)温度至预定的温度，搅拌均匀后恒温放置，直到形成平衡的两相。关键在于时间要足够长，有时甚至需要一个月以上，因为浓相中高分子的扩散很慢。另一个重要因素是温度要控制恒定，波动控制在±0.02℃之内。两相达到平衡时体积比不再变化，这可以通过测定相界面的高度来判断。同时，平衡的两相应该都是透明的，只是浓度不同而已。分别抽取两相的溶液，测定其中的高分子浓度与组成，得到等温相图共存曲线上的两个点；连接这两点的直线就是连接线。对多组分溶液，将同一温度下测定的不同起始浓度、组成的高分子溶液的两相共存点连接起来，得到该温度的共存曲线。将不同温度的共存曲线在三维坐标(纵轴为温度)作图，得到三维的平衡共存曲面。

基于透光率、浊度建立的相图测定方法的基础是不同浓度的高分子溶液的折光指数不同，也就是浓度变化带来的折光指数的增率(dn/dc)不能为0或过小，否则不发生浑浊，无法用光学方法来观测。聚异丁烯(PIB)的苯溶液就是一个例子，$dn/dc = 0.0070$(25℃，436 nm)[4]。平衡两相的分离是基于两相的密度差，对高分子溶液来说，有机溶剂的密度与高分子不同，导致浓度不同的两相的密度不同而发生分离。如果溶剂的密度比高分子低，则稀相在上面；如果溶剂的密度比高分子高，则浓相在上面。对于水溶性高分子，密度接近于1，两相密度差很小，容易形成白浊的悬浮液，难以得到完全分离的两相溶液，如聚 *N*-异丙基丙烯酰胺(PNIPAm)水溶液[5]。

4. 测定临界点

测定临界点之前要先得到浊点曲线，然后将浓度、组成已知的溶液在浊点温度以下的给定温度进行相分离，两相达到平衡状态时，测定处于平衡的稀相与对应的浓相的体积比 r，将该溶液的浊点温度与相平衡温度之差记为ΔT，用 r 对ΔT 作图。当溶液的相平衡温度接近浊点温度时(即$\Delta T \to 0$)，如果溶液的浓度趋近临界浓度，根据杠杆原理就会有 $r \to 1$。当溶液浓度低于临界浓度时，$\Delta T \to 0$ 时 $r \to \infty$。当溶液浓度高于临界浓度时，$\Delta T \to 0$ 导致 $r \to 0$。

图 2.9 显示的例子就是两个分子量不同的、分子量窄分布 PS(M_w 分别为 45300 和 498000)的环己烷溶液，其中低分子量的 PS 占高分子的体积分

数为 0.5。由图中曲线可知，临界浓度ϕ_c在 0.0791～0.0843 之间。为了提高精度，可以增加浓度进行测定，最终得到$\phi_c = 0.082$[2]。

图 2.10 给出另外一个例子，用不同浓度ϕ的溶液的 r 对ΔT 作图，由这

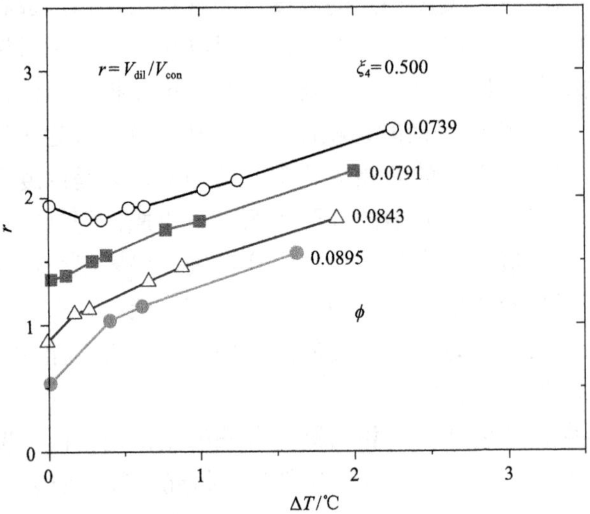

图 2.9　PS(M_w 分别为 45300 和 498000) + CH 溶液两相体积比 r 随相平衡温度的变化

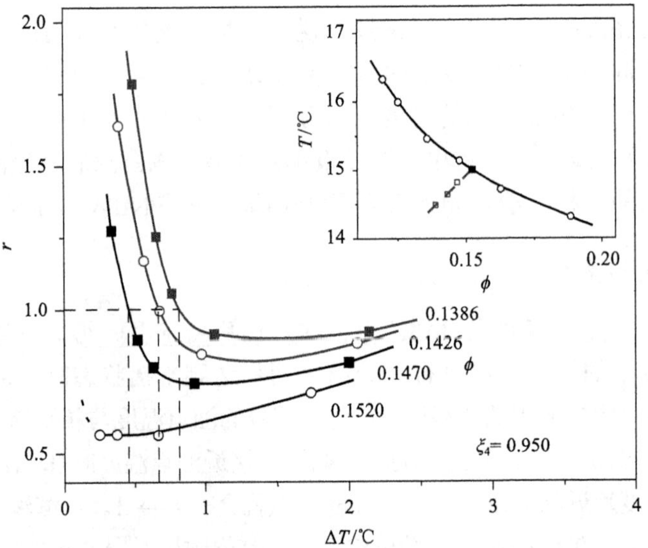

图 2.10　PS(M_w 分别为 45300 和 498000) + CH 溶液两相体积比 r 随相平衡温度的变化，低分子量的 PS 的体积分数 0.950

些曲线得到 $r = 1$ 的ΔT，从而决定对应的 T。T 对ϕ作图得到的曲线与浊点曲线相交(图 2.10 插图中的虚线)，给出临界点浓度ϕ_c和温度 T_c。之所以与图2.9形状有很大不同，主要是由于低分子量组分占了高分子体积分数的0.950，组成造成浊点曲线偏离了以临界点为中心的对称形状[2]。

参 考 文 献

[1] Kurata M. Thermodynamics of Polymer Solutions. Translated from Japanese by H. Fujita. Chur: Harwood Academic Publisher GmbH, 1982.

[2] Tsuyumoto M, Einaga Y, Fujita H. Polym. J., 1984, 16: 229.

[3] Derham K W, Goldsbrough J, Gordon M. Pure & Appl. Chem., 1974, 38: 97.

[4] Tong Z, Einaga Y, Kitagawa T, Fujita H. Macromolecules, 1989, 22: 450.

[5] Halperin A, Krçger M, Winnik F M, Angew. Chem. Int. Ed., 2015, 54: 2.

第3章　二组分高分子溶液热力学

3.1　正则溶液

正则溶液(regular solution)的概念是希尔德布兰德(Hildebrand)于1929年提出的[1]，成为高分子溶液热力学的弗洛里-哈金斯(Flory-Huggins)理论的基础。理想溶液的热力学特征由式(1.101)描述，而正则溶液的特征是混合焓不为零，其他与理想溶液相同。即

$$\Delta_m V = 0,\ \ \Delta_m H \neq 0$$
$$\Delta_m S = -R\sum_{i=0}^{r} n_i \ln x_i \tag{3.1}$$

在纯物质状态，物质中的任一分子周围都是被同种的分子包围着。当不同种类的物质混合成溶液时就会与不同的分子接触，产生混合内能变化$\varDelta_m U$，混合内能的变化与不同种分子成对接触的概率成正比。设i组分在溶液中所占的体积分数为ϕ_i，完全随机混合时，i组分的一个分子与j组分的一个分子接触的概率正比于$\phi_i\phi_j$，

$$\Delta_m U = V\sum_{i=0}^{r-1}\sum_{j=i+1}^{r} b_{ij}\phi_i\phi_j = \Delta_m H \tag{3.2}$$

式中，V为溶液体积，b_{ij}为取决于i-j分子对的比例因子；采用了正则溶液$\Delta_m V=0$的条件。这个混合焓$\Delta_m H$的表达式常被称为范拉尔(van Laar)方程。对于大多数非电解质的小分子溶液，如果没有氢键或其他特殊的分子间相互作用，都近似地符合正则溶液，也就是式(3.1)和式(3.2)是成立的。

对于二组分正则溶液，根据$\Delta_m G=\Delta_m H-T\Delta_m S$得到

$$\Delta_m G = RT\left(n_0 \ln x_0 + n_1 \ln x_1\right) + Vb_{01}\phi_0\phi_1 \tag{3.3}$$

于是，

$$\begin{aligned}\mu_0 &= \mu_0^{\mathrm{o}} + RT\ln x_0 + V_0^{\mathrm{o}} b_{01}\phi_1^{\,2} \\ \mu_1 &= \mu_1^{\mathrm{o}} + RT\ln x_1 + V_1^{\mathrm{o}} b_{01}\phi_0^{\,2}\end{aligned} \tag{3.4}$$

二组分溶液发生相分离的临界点(T_c，x_{1c})可以根据式(2.22)算出，计算得到的临界点组成 x_{1c} 值与小分子烷烃溶液的实验结果非常接近。当两组分的摩尔体积相等，也就是 $V_0^{\mathrm{o}} = V_1^{\mathrm{o}}$ 时，$x_{1c} = 1/2$，$V_0^{\mathrm{o}} b_{01}/RT_c = 2$。

基于范拉尔方程的 b_{ij} 因子，希尔德布兰德还定义了溶解度参数[2]，只要知道了 b_{ij} 就可以预测体系在给定温度的溶解情况。设组分 i 在给定温度的摩尔蒸发能为 E_i^{o}，该组分纯液体相对于气体的摩尔内能为 U_i^{o}，则 $U_i^{\mathrm{o}} = -E_i^{\mathrm{o}}$。所以，$r+1$ 个独立的液体组分的总内能 U^{o} 为

$$U^{\mathrm{o}} = \sum_{i=0}^{r} n_i U_i^{\mathrm{o}} = -\sum_{i=0}^{r} n_i E_i^{\mathrm{o}} \tag{3.5}$$

纯液体 i 的单位体积的内能为($U_i^{\mathrm{o}}/V_i^{\mathrm{o}}$)，反映了单位体积中相同分子之间接触的相互作用能量；而[$U_{ij}/(V_i^{\mathrm{o}}V_j^{\mathrm{o}})^{1/2}$]则反映了单位体积中不同分子 i 与 j 接触的相互作用能量。组分 i 在溶液中所占体积为 $n_iV_i^{\mathrm{o}}$，i-j 分子接触的概率为 $\phi_i\phi_j$，溶液的总内能 U

$$U = -V\sum_{i=0}^{r}\left[\phi_i^2\frac{E_i^{\mathrm{o}}}{V_i^{\mathrm{o}}} - \phi_i\sum_{j\neq i}\phi_j\frac{U_{ij}}{\left(V_i^{\mathrm{o}}V_j^{\mathrm{o}}\right)^{1/2}}\right] \tag{3.6}$$

仍然设 $U_{ij} = -E_{ij}$，混合前后的内能变化为

$$\Delta_{\mathrm{m}}U = V\sum_{i=0}^{r-1}\sum_{j=i+1}^{r}\left[\frac{E_i^{\mathrm{o}}}{V_i^{\mathrm{o}}} - 2\frac{E_{ij}}{\left(V_i^{\mathrm{o}}V_j^{\mathrm{o}}\right)^{1/2}} + \frac{E_j^{\mathrm{o}}}{V_j^{\mathrm{o}}}\right]\phi_i\phi_j \tag{3.7}$$

对于分子间相互作用力是以色散力为主的溶液，不同种分子间的相互作用能量近似等于同种分子对之间相互作用能的几何平均，即

$$E_{ij} = \left(E_i^{\mathrm{o}}E_j^{\mathrm{o}}\right)^{1/2} \tag{3.8}$$

代入式(3.7)可以得到斯卡查德-希尔德布兰德(Scatchard-Hildebrand)方程

$$\Delta_{\mathrm{m}}U = V\sum_{i=0}^{r-1}\sum_{j=i+1}^{r}\left(\delta_i - \delta_j\right)^2 \phi_i\phi_j \tag{3.9}$$

其中，利用了 i 组分的溶解度参数(solubility parameter) δ_i 的定义

$$\delta_i \equiv \left(E_i^{\mathrm{o}} / V_i^{\mathrm{o}}\right)^{1/2} \tag{3.10}$$

摩尔蒸发能 E_i^{o} 可由 $E_i^{\mathrm{o}} = \Delta_{\mathrm{v}}H_i - RT$ 得到，$\Delta_{\mathrm{v}}H_i$ 是该组分的摩尔蒸发焓。

比较式(3.9)和式(3.2)可知，范拉尔方程的混合焓因子 b_{ij} 可由 i 组分和 j 组分的溶解度参数计算得到。

$$b_{ij} = \left(\delta_i - \delta_j\right)^2 \tag{3.11}$$

所以，b_{ij} 不会小于 0，也就是色散力主导的液体的混合，如果混合体积的变化可以忽略，则是吸热过程($\Delta_{\mathrm{m}}H > 0$)或无热过程($\Delta_{\mathrm{m}}H = 0$)。一般地，两种液体的δ相差越大，混合热$\Delta_{\mathrm{m}}H$ 越高，两种液体也就越难混合。

考虑组分 0 为溶剂、1 为高分子的二组分高分子溶液，实际上，因为高分子存在分子量分布，不是严格的二组分溶液。为了简单起见，先考虑单一分子量的高分子与溶剂组成的严格的二组分体系。由第 2 章的讨论可知，如果能够得到以温度、组成为自变量的摩尔吉布斯自由能 G_{m} 函数，解出混合过程的吉布斯自由能$\Delta_{\mathrm{m}}G$，相图则完全可以计算出来。为了得到 G_{m}，基本上有两类方法：一类是建立适当的模型，根据统计热力学的方法从理论上给出 G_{m} 函数。这个方法最理想，但是高分子溶液中的相互作用过于复杂，目前理论只能描述主要的热力学因素，无法准确地描述所有的热力学因素。另一种方法是唯象论的方法，以热力学的观察、经验或者理论类比为基础，构建 G_{m} 或$\Delta_{\mathrm{m}}G$ 的经验方程。由被观测体系的热力学实验数据得到方程的参数，将实验方程的计算结果与实际相图比较，可以判断 G_{m} 或$\Delta_{\mathrm{m}}G$ 是否满足所有的条件。由式(2.7)和式(2.14)可知，为了正确描述相图，需要 G_{m} 的 3 阶微分都是准确的非常精密的实验函数。

3.2 弗洛里-哈金斯理论

溶剂小分子与溶质高分子在分子尺寸上存在巨大的差异，为了处理这个差异，在统计热力学理论中最著名的有弗洛里-哈金斯理论。这个理论是由弗洛里[3]和哈金斯[4]各自在几乎同一时期独立完成并发表的。

设溶剂小分子和溶质高分子纯态的摩尔体积分别为 V_0^{o} 和 V_1^{o}，于是高分子的相对链长 P_1（相对于溶剂分子体积的聚合度）可以表示为

$$P_1 \equiv \frac{V_1^{\mathrm{o}}}{V_0^{\mathrm{o}}} \tag{3.12}$$

因此，高分子链可以看成是由体积为 V_0^{o} 的结构单元连接而成的，这个结构单元称为链段(segment)。这些链段和溶剂分子在图 3.1 所示的格子上分布，每个格子的体积为 V_0^{o}，格子总数为 N、溶剂的分子数为 N_0、高分子的分子数为 N_1，

$$N = N_0 + P_1 N_1 \tag{3.13}$$

整个溶液的体积 V 为

$$V = \left(N_0 + P_1 N_1\right) V_0^{\mathrm{o}} \tag{3.14}$$

这里假设了偏摩尔体积 V_0 及 V_1 与溶液组成无关，可以线性加和。得到溶质高分子的体积分数 ϕ_1 和溶剂的体积分数 ϕ_0 分别为

$$\phi_1 = \frac{P_1 N_1}{N_0 + P_1 N_1} \tag{3.15}$$

$$\phi_0 = 1 - \phi_1 = \frac{N_0}{N_0 + P_1 N_1} \tag{3.16}$$

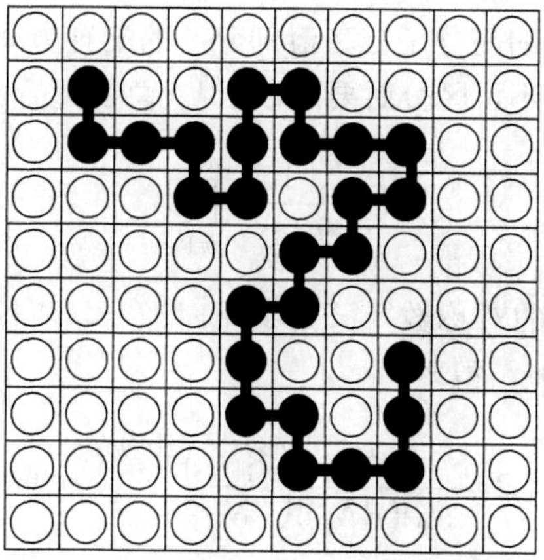

图 3.1　弗洛里-哈金斯理论的格子模型

实心点：高分子链段；空心点：溶剂

首先，求出在格子上配置溶剂分子和高分子链段的方式的总数Ω。对溶剂分子和高分子分别编号为 1、2、…、N_0和 1、2、…、N_1，每个高分子链由头至尾将链段编号为 1、2、…、P_1。从高分子开始放置，第一个高分子链的第一个链段可以放入 N 个格子中的任何一个。每个格子最相邻的格子数为 z(配位数)，那么，第二个链段可以放入的格子数为 z；第三个链段可以放入的格子数为$(z-1)$，因为在最近邻的 z 个格子中有 1 个已经被前面放入的第二个链段占据了。重复这样的操作，直到第一个高分子链的 P_1 个链段全部放置完毕，放置方式的数目为

$$\nu_1 = Nz(z-1)^{P_1-2} \tag{3.17}$$

放置完第$(i-1)$个高分子链后，剩余的格子数为 $N - P_1(i-1)$。这时将第 i 个高分子链放入剩余格子的配置方式数为

$$\nu_i = \left[N - P_1(i-1)\right]\left[\frac{N - P_1(i-1)}{N}\right]^{P_1-1} z(z-1)^{P_1-2} \tag{3.18}$$

这里，$[N - P_1(i-1)]/N$ 是第 i 个高分子链的第一个链段及以后的链段放入格子时，该格子是空格子的概率，是完全按平均占据来考虑的，称为平均场近似。

当 N_1 个高分子全部放置完毕时，余下的格子数为 N_0，在其中放置 N_0 个溶剂分子的方式有 $N_0!$个。考虑到各个溶剂分子不可区分、各个高分子链不可区分，上面得到的高分子链和溶剂分子的配置方式数要除以 $N_0!N_1!$。再有，高分子链头尾不可区分时要除以 2^{N_1}。总的配置方式数为

$$\Omega = \frac{1}{N_1!\sigma^{N_1}}\prod_{i=1}^{N_1}\nu_i \tag{3.19}$$

其中，σ是高分子链的对称数，区别头尾时取 1，不区别头尾时取 2。将式(3.18)代入式(3.19)，得

$$\Omega = \frac{N!}{N_0!(P_1N_1)!}\left(\frac{P_1N_1}{N}\right)^{(P_1-1)N_1}\omega^{N_1} \tag{3.20}$$

式中，

$$\omega \equiv \frac{P_1 z(z-1)^{P_1-2}}{\sigma e^{P_1-1}} \tag{3.21}$$

推导式(3.20)时，使用了斯特林(Stirling)公式($x>>1$)

$$x! = \left(\frac{x}{e}\right)^x \tag{3.22}$$

将Ω代入熵 S 的玻尔兹曼(Boltzmann)公式

$$S = k_B \ln \Omega \tag{3.23}$$

利用斯特林公式 $\ln x! = x\ln x - x$，得到在格子中放置高分子和溶剂分子的熵为

$$S = -k_B\left(N_0 \ln \phi_0 + N_1 \ln \phi_1\right) + k_B N_1 \ln \omega \tag{3.24}$$

混合前，由上式可以得到溶剂与高分子各自独立存在时的熵 S^o

$$S^o = S(N_1 = 0) + S(N_0 = 0) = k_B N_1 \ln \omega \tag{3.25}$$

所以，混合熵(mixing entropy)ΔS

$$\begin{aligned}\Delta S &= S - S^o \\ &= -k_B(N_0 \ln \phi_0 + N_1 \ln \phi_1) \\ &= -R(n_0 \ln \phi_0 + n_1 \ln \phi_1)\end{aligned} \tag{3.26}$$

式中，n_0 和 n_1 分别为溶剂和高分子的摩尔数。

再考察高分子与溶剂混合导致的能量变化。当高分子与溶剂混合时，两组最邻近的格子对中的溶剂分子与高分子链段要发生交换，这个过程伴随的能量变化为 $2\Delta u$。

(○——○)+(●——●) ⟶ (○——●)+(○——●)

设溶剂分子之间的相互作用能为 u_{00}，高分子链段之间的相互作用能为 u_{11}，溶剂分子与高分子链段之间的相互作用能为 u_{01}，则

$$\Delta u \equiv u_{01} - \frac{1}{2}\left(u_{00} + u_{11}\right) \tag{3.27}$$

溶液中高分子链段与溶剂分子对(○——●)的数目为 zX，混合带来的能量变化为ΔU，

$$\Delta U = zX\Delta u \tag{3.28}$$

溶液中最邻近格子对的数目为 $zN/2$，所选格子被溶剂或高分子链段占据的概率分别为ϕ_0或ϕ_1，完全无规混合时

$$zX = zN\phi_0\phi_1 \tag{3.29}$$

而

$$\Delta U = zN\Delta u\phi_0\phi_1 \tag{3.30}$$

设溶剂和高分子混合没有体积变化，可以认为ΔU 等于混合焓(mixing enthalpy)ΔH，将式(3.26)和式(3.30)代入式(1.20)，得到混合过程的吉布斯自由能(mixing Gibbs free energy)ΔG：

$$\Delta G = RT\left[n_0 \ln\phi_0 + n_1 \ln\phi_1 + \left(n_0 + P_1 n_1\right)\chi_H\phi_0\phi_1\right] \tag{3.31}$$

于是

$$\begin{aligned}\Delta\mu_0 &= RT\left[\ln\left(1-\phi_1\right) + \left(1 - P_1^{-1}\right)\phi_1 + \chi\phi_1^2\right] \\ \Delta\mu_1 &= RT\left[\ln\phi_1 + \left(P_1 - 1\right)\left(1-\phi_1\right) + P_1\chi\left(1-\phi_1\right)^2\right]\end{aligned} \tag{3.32}$$

式中，χ为弗洛里-哈金斯相互作用参数，

$$\chi_H \equiv \frac{z\Delta u}{k_B T} \tag{3.33}$$

这里的焓参数 χ_H 仅仅是表达溶剂和高分子链段之间的相互作用焓的变化，后来的研究发现其中必须含有熵ΔS 的成分。因此，重新定义为相互作用自由能参数χ，其包括了熵的贡献 χ_S，即

$$\chi \equiv \chi_H + \chi_S,\quad \chi_H = -T\left(\frac{\partial\chi}{\partial T}\right)_{p,\phi_1},\quad \chi_S = \chi + T\left(\frac{\partial\chi}{\partial T}\right)_{p,\phi_1} \tag{3.34}$$

由式(1.112)和式(1.119)得到溶液的渗透压

$$\begin{aligned}\pi &= -\left(RT/V_0^{\circ}\right)\left[\ln\left(1-\phi_1\right)+\left(1-P_1^{-1}\right)\phi_1+\chi\phi_1^{2}\right]\\ &=\left(RT/V_0^{\circ}\right)\left[P_1^{-1}\phi_1+\left(\frac{1}{2}-\chi\right)\phi_1^{2}+\frac{1}{3}\phi_1^{3}+\cdots\right]\end{aligned} \tag{3.35}$$

利用式(1.84)将 ϕ_1 转为 C_1，由渗透压 π 的 C_1 展开式得到渗透压的第二、第三位力(virial)系数

$$\begin{aligned}A_2&=\left[\left(\nu_1^{\circ}\right)^2/V_0^{\circ}\right]\left(\frac{1}{2}-\chi\right)\\ A_3&=\left(\nu_1^{\circ}\right)^3/3V_0^{\circ}\end{aligned} \tag{3.36}$$

$\nu_1^{\circ}=\nu_1^{\circ}/M_1$，是纯溶质高分子的比容(因为假设混合体积不变化)，ν_1° 是高分子的摩尔体积，M_1 是高分子的分子量。根据定义 $\nu_1^{\circ}=\nu_0^{\circ}P_1$，所以 $(\nu_1^{\circ})^2/\nu_0^{\circ}=\nu_1^{\circ}P_1/M_1^2$，也就是说 A_2 不依赖于分子量。

由 χ_H 与 χ_S 再定义两个参数：

$$\begin{aligned}\psi&\equiv\frac{1}{2}-\chi_S\\ \theta&\equiv\chi_H T\Big/\left(\frac{1}{2}-\chi_S\right)\end{aligned} \tag{3.37}$$

于是，

$$\chi=\frac{1}{2}-\psi\left(1-\frac{\theta}{T}\right) \tag{3.38}$$

将式(3.38)代入式(3.36)得到

$$A_2=\frac{\left(\nu_1^{\circ}\right)^2}{V_0^{\circ}}\psi\left(1-\frac{\theta}{T}\right) \tag{3.39}$$

当 $T=\theta$ 时，$A_2=0$，范霍夫定律成立，这个温度称为 θ 温度或弗洛里温度。根据式(3.36)，θ 温度时 $\chi=1/2$。因为 θ 溶液不是无热溶液，所以此时的 A_3 并不等于 0。

3.3　高分子溶液相平衡

根据相平衡条件式(2.6)，分子量单分散的高分子与溶剂组成的二组分溶液两相平衡时，溶剂、高分子在两相中的化学位分别相等，即$\mu_0(\phi_1') = \mu_0(\phi_1'')$和$\mu_1(\phi_1') = \mu_1(\phi_1'')$，将式(3.32)代入就可以计算出两相共存曲线。根据式(2.33)，由式(3.31)可以解出旋节点曲线方程为

$$\phi_1^2 - \left(1 - \frac{P_1 - 1}{2P_1\chi}\right)\phi_1 + \frac{1}{2P_1\chi} = 0 \tag{3.40}$$

当$P_1 \to \infty$时，式(3.40)成为ϕ_1的二次方程，解出的旋节点曲线由$\phi_1 = 0$和$\phi_1 = 1 - (2\chi)^{-1}$两个分支构成。为了画出由$T$对$\phi_1$曲线构成的两相共存曲线和旋节点曲线，还需要知道$\chi$与$T$的函数关系。

根据式(2.22)的临界点条件，由式(3.32)得到

$$\begin{aligned} &-\frac{1}{1-\phi_{1C}} + \left(1 - \frac{1}{P_1}\right) + 2\chi_C\phi_{1C} = 0 \\ &-\frac{1}{(1-\phi_{1C})^2} + 2\chi_C = 0 \end{aligned} \tag{3.41}$$

下标 C 表示临界点。联立解出临界点为

$$\phi_{1C} = \frac{1}{1+P_1^{1/2}}, \quad \chi_C = \frac{1}{2}\left(1 + \frac{1}{P_1^{1/2}}\right)^2 \tag{3.42}$$

可见，高分子二组分溶液的共存曲线是不对称的，临界点的ϕ_{1C}是偏向低浓度一侧的；同时，χ_C随P_1增大而减小。$P_1 \to \infty$时$\phi_{1C} \to 0$，$\chi_C \to 1/2$。结合式(3.38)可知，临界温度T_C随P_1增大而升高，当$\chi \geqslant \chi_C$时发生相分离，该体系属于 UCST 体系。

弗洛里-哈金斯理论考虑了大分子链的连接与柔性，也考虑了高分子与溶剂在分子尺寸上的巨大差异，可以很好地表达高分子溶液的热力学特征。图 3.2 是无规聚苯乙烯(PS)-环己烷(CH)溶液的实验测定的浊点曲线(cloud point curve，对于二组分溶液就等于双节点曲线)与计算曲线的比较，不同的曲线对应不同的 PS 分子量[5, 6]。当均相溶液降温时会出现浑浊，发生相

分离。曲线的顶点就是浊点曲线的阈值，只有对严格单分散的高分子的二组分溶液，阈值才会是临界点。图中显示计算结果对实验结果有很大偏差，计算的浊点曲线的相分离浓度ϕ_1比观测结果低，相分离区域窄。这是由弗洛里-哈金斯理论有些假设与实际高分子溶液相差过大造成的，例如平均场近似就与良溶剂、贫溶剂的定义相悖。

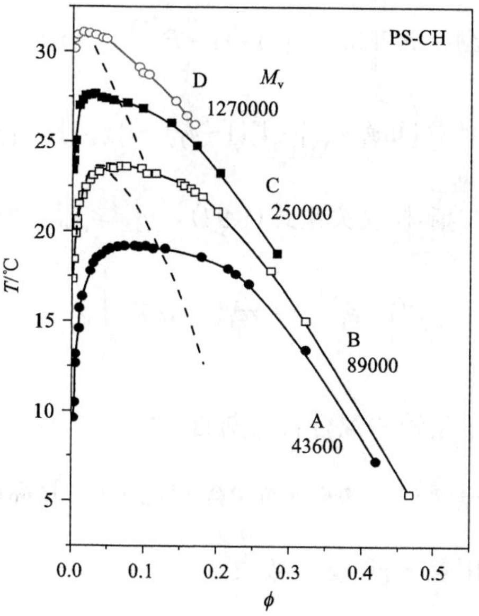

图 3.2　四种无规聚苯乙烯-环己烷(PS-CH)溶液相图，数字为黏均分子量，实线是实验测定的浊点曲线，虚线是弗洛里-哈金斯理论计算曲线

弗洛里-哈金斯理论的混合熵ΔS是以溶剂分子与高分子链段完全无规混合为基础的，混合焓ΔH以及相互作用参数χ也是建立在完全无规混合的基础上。但是，既然高分子链段与溶剂分子混合的分子间相互作用会导致内能发生变化，说明高分子链段与溶剂分子不可能完全无规混合。如果高分子链段与溶剂分子接触导致内能增加，说明高分子链段会尽可能与高分子链段接触，使溶液的能量降低。另外，形成一个溶剂分子-高分子链段对时，对相邻分子的状态也会有影响。理论假设混合时没有体积变化，这与实际的高分子溶液也不完全一致。

把实际溶液的各种特征完全引入理论体系是不现实的，如同在地图上标明每一棵树和每一块石头，那样的地图就没有指路的作用了。所以，以弗洛里-哈金斯理论为基础的唯象理论就应运而生，已取得了比较满意的效果。具体做法之一是，将弗洛里-哈金斯理论中的相互作用参数χ不再看作是仅仅依赖温度的相互作用内能的变化，而是依赖于温度、浓度、高分子分子量等的经验函数。于是，χ的定义式不同，方程的形式也就不同了。因为溶剂化学位μ_0可以由实验测定，所以用μ_0来定义χ，虽然形式与式(3.32)相同，但物理意义已经不一样了。

$$\Delta\mu_0=RT\left[\ln\left(1-\phi_1\right)+\left(1-P_1^{-1}\right)\phi_1+\chi\phi_1^{2}\right] \tag{3.43}$$

$$\Delta\mu_1=RT\left[\ln\phi_1+\left(P_1-1\right)\left(1-\phi_1\right)+P_1\chi_P\left(1-\phi_1\right)^2\right] \tag{3.44}$$

根据偏摩尔量的吉布斯-杜安关系式(1.93)，χ与χ_P有如下的关系：

$$\chi_P\left(1-\phi_1\right)^2=-\chi\phi_1\left(1-\phi_1\right)+\int_{\phi_1}^{1}\chi\mathrm{d}\phi_1 \tag{3.45}$$

于是，二组分高分子溶液的混合吉布斯自由能为

$$\Delta G=RT\left[n_0\ln\phi_0+n_1\ln\phi_1+\left(n_0+P_1n_1\right)g\phi_0\phi_1\right] \tag{3.46}$$

这里，相互作用参数χ用g函数表示

$$\chi=g-\left(1-\phi_1\right)\left(\frac{\partial g}{\partial\phi_1}\right)_{T,p} \tag{3.47}$$

3.4　唯象的高分子溶液相互作用参数χ

唯象理论的相互作用函数g或χ可以从实测的临界点数据得到。为此Koningsveld等将g表达成围绕$\phi_1=0$展开的级数[7]，截取到二次项，

$$g=g_{00}+g_{01}/T+g_1\phi_1+g_2\phi_1^{2} \tag{3.48}$$

根据式(3.47)，得

$$\chi=g_{00}+g_{01}/T-g_1+2\left(g_1-g_2\right)\phi_1+3g_2\phi_1^{2} \tag{3.49}$$

式中，g_{00}、g_{01}、g_1、g_2 都是与温度、高分子浓度及分子量无关的常数。他们由实验得到了不同分子量(不同 P_1)的无规聚苯乙烯-环己烷溶液临界点的 ϕ_{1C} 与 χ 展开式中的系数，求出了 g 的表达式 $g = 0.4099 + 90.65/T + 0.206\phi_1 + 0.0518\phi_1^2$，以及相应的 χ 的表达式，可以较好地描述由渗透压、光散射等实验得到的 χ 随高分子溶液浓度的变化。相应体系的相图数据很少，与计算结果的比较就更少。Nies 等发现采用形式更复杂的完整的 g 函数能够更定量地描述实验结果[8]。这说明将 g 或 χ 看成是温度、高分子浓度、分子量的函数，通过实验直接测定，可以更精确地描述二组分高分子溶液的相平衡。

于是，根据散射光在散射角为 0°时的瑞利比 ΔR_0 与溶剂化学位 $\Delta\mu_0$ 的关系式(3.50)，可以利用光散射测定高分子溶液的相互作用参数 χ。

$$\frac{K_\phi}{\Delta R_0} = -\left(\frac{1}{RTV_0\phi_1}\right)\left(\frac{\partial \Delta\mu_0}{\partial \phi_1}\right)_{T,p} \tag{3.50}$$

式中，K_ϕ 是与波长、溶液折光指数增率等有关的光学常数。为了避免混合体积以及温度变化的影响，由重量分数 w 重新定义了体积分数 ϕ,

$$\phi = \frac{1}{1 + \frac{v_0^{\mathrm{o}}}{v_{\mathrm{P}}^{\mathrm{o}}}\left(\frac{1}{w} - 1\right)} \tag{3.51}$$

式中，v_0^{o} 和 $v_{\mathrm{P}}^{\mathrm{o}}$ 分别为纯溶剂和纯高分子的比容。ϕ 其实是换算的重量分数而已。

图 3.3 是窄分布的无规聚苯乙烯-环己烷溶液的光散射测定结果[9]。将式(3.43)代入式(3.50)，就可以由此实验结果建立 χ 的经验式。这个拟合过程相当繁琐冗长，此处仅给出结果：

$$\begin{aligned}\chi(T,\phi_1,P_1) = {} & \chi_{\mathrm{conc}}^{\mathrm{o}}(T,P_1) + \frac{1}{3}\phi_1 + \\ & \frac{A(P_1)}{B(T,P_1)}\left\{\frac{\phi^2}{2} - \frac{1}{B(T,P_1)} + \frac{\ln\left[1+B(T,P_1)\phi^2\right]}{B(T,P_1)^2\phi^2}\right\} + \\ & \left[\chi_{\mathrm{dil}}^{\mathrm{o}}(T) - \chi_{\mathrm{conc}}^{\mathrm{o}}(T,P_1)\right]Q\left(P_1^{1/2}\phi_1\right)\end{aligned} \tag{3.52}$$

式中，A 与 B 为经验函数，

$$A\left(P_1\right)=1.4P^{1/3},\quad B\left(T,P_1\right)=7P^{1/3}\exp\left[-18\left(\frac{\theta}{T}-1\right)\right] \tag{3.53}$$

$\chi_{\text{conc}}^{\text{o}}$ 为描述浓溶液部分χ的$\phi_1 \to 0$ 外插值，

$$\chi_{\text{conc}}^{\text{o}}\left(T,P_1\right)=0.493+0.345\left(\frac{\theta}{T}-1\right)+\left(-0.075P^{-1/2}-45P^{-2}+0.007\right)\exp\left[-\left(40-520P^{-2/3}\right)\left(\frac{\theta}{T}-1\right)\right] \tag{3.54}$$

$\chi_{\text{dil}}^{\text{o}}$ 为描述溶液在θ温度以下$\phi_1 \to 0$ 时的χ值，由实验测定的第二位力系数得到，与高分子的分子量无关。

$$\chi_{\text{dil}}^{\text{o}}\left(T\right)=0.5+0.26\left(\frac{\theta}{T}-1\right)+4.6\left(\frac{\theta}{T}-1\right)^2 \tag{3.55}$$

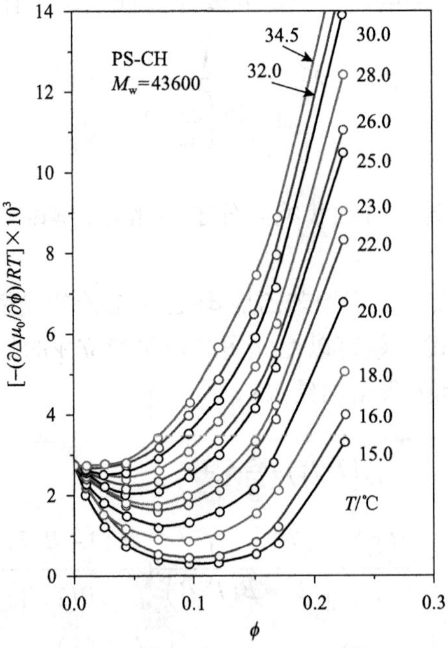

图 3.3 光散射测定的无规聚苯乙烯-环己烷溶液在给定温度下溶剂化学位微分$\partial\Delta\mu_0/\partial\phi$与溶液中高分子体积分数$\phi$的关系

$Q(x)$是决定浓溶液的χ_{conc}对χ贡献比例的函数，以接触浓度(overlap concentration) ϕ_1^*为衡量尺度，是ϕ_1/ϕ_1^*的函数。因为$\phi_1^* \propto P_1^{-1/2}$，所以$\phi_1/\phi_1^* \propto \phi_1 P_1^{1/2}$。由实验数据拟合得到

$$Q(x)=\frac{0.754}{x^2}\left[1-\left(1+1.875x+0.864x^2+0.52x^3\right)\exp\left(-1.875x-0.432x^2-0.175x^3\right)\right] \tag{3.56}$$

将相互作用函数χ代入化学位的方程，根据临界点条件的式(2.22)计算了无规聚苯乙烯-环己烷溶液临界温度和临界浓度的分子量依赖性，并与实验测定结果进行比较(图 3.4)，可见取得了良好的一致性。

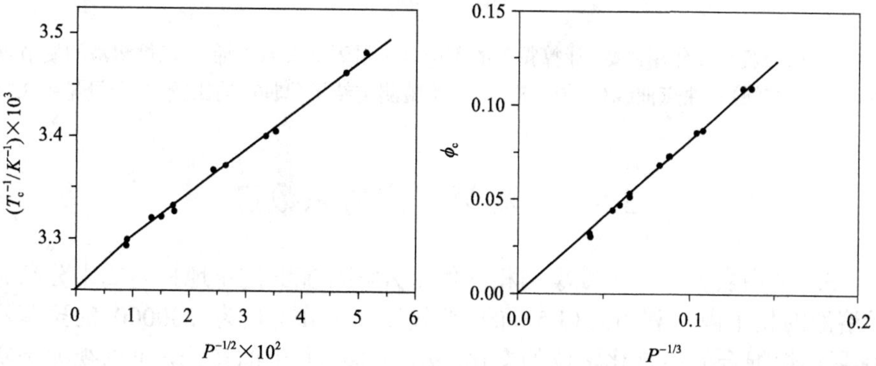

图 3.4　由经验相互作用函数χ计算的无规聚苯乙烯-环己烷溶液的临界温度T_c和临界浓度ϕ_c(实线)与实验测定结果(圆点)的比较，P为高分子的相对链长

将相互作用函数χ代入式(2.33)，得到不同分子量的无规聚苯乙烯-环己烷溶液的旋节点曲线，通过相平衡条件关系式(2.27)和式(2.28)计算，得到了不同分子量的无规聚苯乙烯-环己烷溶液的浊点曲线(也就是双节点曲线)。计算曲线与实验测定结果的比较见图 3.5，比图 3.2 中弗洛里-哈金斯理论计算的结果有很大改善，基本实现了定量的一致。而且，χ经验函数与相图分别来自相互独立的实验，说明这个χ函数具有预测相图的效果。这个方法还推广到了聚异戊二烯-二氧六环二元高分子溶液，也取得了定量一致的效果。

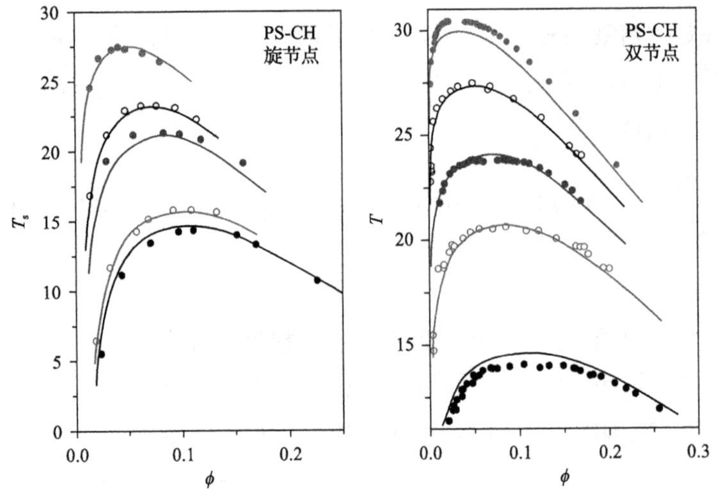

图 3.5　由经验相互作用函数χ计算得到的不同分子量无规聚苯乙烯-环己烷溶液的旋节点线(左图、实线)和浊点曲线(右图、实线)与实验测定结果(圆点)的比较(分子量见图 3.7)

3.5　表观第二位力系数Γ

3.4 节由实验建立了唯象的相互作用χ函数，能够定量地描述二组分高分子溶液的相平衡。利用式(3.52)的χ函数计算了分子量为 200000 的聚苯乙烯-环己烷混合的溶剂化学位的变化$\Delta\mu_0$，如图 3.6 中的实线，可以视为是实测值。而根据弗洛里-哈金斯无热溶液($\chi=0$)计算得到的溶剂化学位随溶液浓度的变化如图中的虚线，与实线代表的实测值相差很远。说明来源于弗洛里-哈金斯理论的混合熵的$\Delta\mu_0$在θ温度以下与实际相差很大，这个差值都要包括在$\chi\phi_1^2$之中。这就导致了χ函数的复杂以及实验测定的困难，所以计算结果与实际数据的偏差很大。这样的结果与弗洛里-哈金斯理论的基本假设有关，该理论是以纯溶剂和纯高分子为起点进行混合的，高分子溶液的实际浓度远远没有接近$\phi_1=1$。而经典的弗洛里-哈金斯理论过度评价了混合熵的贡献，必须在χ函数中抵消，使得χ函数必须包括混合熵修正项。

如果改用以无限稀溶液为基础的范霍夫溶液化学位为起点，根据式(1.105)在溶液中$\pi=0$得到

$$\Delta\mu_0=-RT\phi_1/P_1 \tag{3.57}$$

计算结果就是图 3.6 中的点划线，可见与实验得到的$\Delta\mu_0$非常接近。以符合范霍夫定律的溶液(范霍夫溶液)为基础，由溶剂化学位定义表观第二位力

系数 Γ[10]：

$$\mu_0 = \mu_0^{\mathrm{o}} - RT\left[\frac{\phi_1}{P_1} + \Gamma(T, \phi_1, P_1)\phi_1^2\right] \tag{3.58}$$

与弗洛里-哈金斯理论的溶剂化学位式(3.32)比较，在形式上有

$$\Gamma = -\chi - \frac{\ln(1-\phi_1) + \phi_1}{\phi_1^2} \tag{3.59}$$

不过，这里 Γ 是表示图 3.6 中的点划线(范霍夫溶液)与实线(高分子溶液)之差的经验函数。

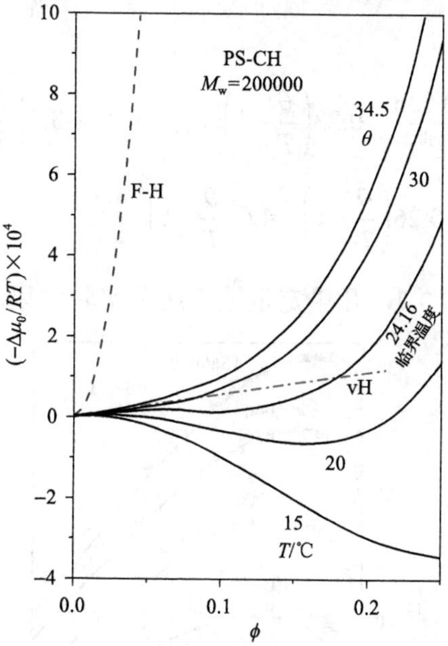

图 3.6　由唯象相互作用函数 χ(实线)和弗洛里-哈金斯无热溶液(F-H 虚线)计算的无规聚苯乙烯-环己烷溶液在不同温度的溶剂化学位变化 $\Delta\mu_0$ 曲线比较，点划线为范霍夫化学位

根据吉布斯-杜安关系式(1.93)得到溶质高分子的化学位

$$\mu_1 = \mu_1^{\infty} + RT\left[\ln\phi_1 - \phi_1 + \Gamma P_1\phi(1-\phi_1) + P_1\int_0^{\phi_1}\Gamma \mathrm{d}\phi_1\right] \tag{3.60}$$

式中，

$$\mu_1^{\infty} \equiv \lim_{\phi_1 \to 0}\left(\mu_1 - RT\ln\phi_1\right) \tag{3.61}$$

所以，

$$G = \left(n_0 + P_1 n_1\right)\left\{\left(1-\phi_1\right)\mu_0^{\text{o}} + \frac{\phi_1}{P_1}\mu_1^{\infty} + RT\left[-\frac{\phi_1}{P_1} + \frac{\phi_1 \ln\phi_1}{P_1} + \phi_1\int_0^{\phi_1}\Gamma \mathrm{d}\phi_1\right]\right\} \tag{3.62}$$

利用图 3.3 的光散射数据，可以建立无规聚苯乙烯-环己烷溶液的表观第二位力系数Γ的唯象的经验函数

$$\Gamma = J_{c0} + \frac{1}{2}J_{c1}\phi_1^2 + 2\left(J_{\text{dil}}^{\text{o}} - J_{c0}\right)\frac{1-\left(1+P_1^{1/2}\phi_1\right)\exp\left(-P_1^{1/2}\phi_1\right)}{P_1\phi_1^2} \tag{3.63}$$

其中，

$$J_{c0} = \frac{0.036}{P^{1/3}} - 0.23\left(\frac{\theta}{T}-1\right),\ J_{c1} = 0.47 - 3.5\left(\frac{\theta}{T}-1\right),$$

$$J_{\text{dil}}^{\text{o}} = -0.26\left(\frac{\theta}{T}-1\right) - 4.6\left(\frac{\theta}{T}-1\right)^2$$

计算得到的相图见图 3.7，几乎定量地表达了实验结果。

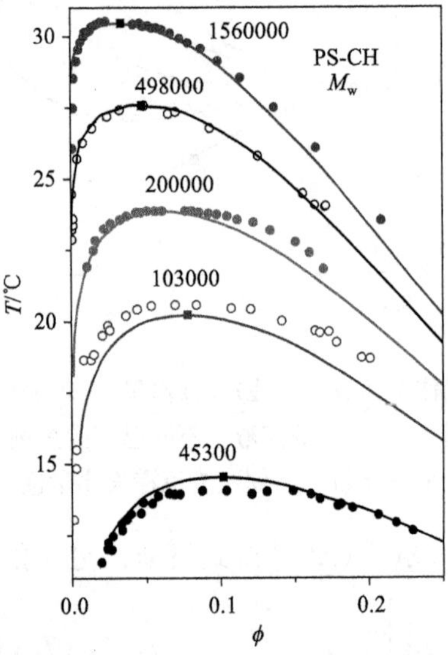

图 3.7　由表观第二位力系数Γ的经验函数计算的不同分子量无规聚苯乙烯-环己烷溶液的浊点曲线(实线)和临界点(方形)与实验测定结果(圆点)的比较

参 考 文 献

[1] Hilderbrand J H, Prausnitz J M, Scott R L. Regular and Related Solutions. New York: Van Nostrand Reinhold Co., 1970.

[2] Hilderbrand J H, Scott R L. The Solubility of Nonelectrolytes. New York: Reinhold, 1950.

[3] Flory P J. J. Chem. Phys., 1941, 9: 660; *ibid*, 1942, 10: 51.

[4] Huggins M L. J. Chem. Phys., 1941, 9: 440; J. Phys. Chem., 1942, 46: 151.

[5] Shultz A R, Flory P J. J. Am. Chem. Soc., 1952, 74: 4760.

[6] Fujita H, Einaga Y. Chem., Macromol. Symp., 1987, 12: 75.

[7] Koningsveld R, Kleintjens L A, Shlutz A R. J. Polym. Sci., Part A-2, 1970, 8: 1261.

[8] Nies E, Koningsveld R, Kleintjens L A. Prog. Colloid Polym. Sci., 1985, 71: 2.

[9] Einaga Y, Ohashi S, Tong Z, Fujita H. Macromolecules, 1984, 17: 527.

[10] Einaga Y, Tong Z, Fujita H. Macromolecules, 1985, 18: 2258.

第4章 多组分高分子溶液相平衡

4.1 三组分高分子溶液相平衡

高分子通常具有分子量和化学结构的分散性，即使是一种高分子与溶剂组成的溶液，通常都属于多组分溶液，需要用多组分溶液热力学来处理，常称为准二组分体系(quasibinary system)。考虑到普遍性，设溶液由0组分的溶剂和 r 个高分子组分 $(1, 2,\cdots, r)$ 组成，高分子组分 i 的相对分子链长由其摩尔体积 V_i 定义，为 $P_i=V_i/V_0$。V_0 和 V_i 均为纯物质的值，并假设混合体积不变，且与温度无关。因此，组分 i 的体积分数 ϕ_i 不随温度变化，相当于摩尔分数。溶液中所有高分子溶质的体积分数为 $\phi=\sum_{i=1}^{r}\phi_i$，在溶质高分子中 i 组分的体积分数为 $\xi_i=\phi_i/\phi$，则 $\sum_{i=1}^{r}\xi_i=1$。溶液的组成可以用 r 个 ϕ_i 来表示，也可以用 ϕ 和 $r-1$ 个 ξ_i 来表示，前者简写为集合 $[\phi_i]$，后者简写为集合 $[\xi_i]$。

为了方便，先讨论溶剂和两种高分子组成的三组分高分子溶液，在温度、压力一定的条件下，发生相分离的摩尔吉布斯自由能曲面如图4.1所示。图中对应的组分0和1以及组分1和2构成的二组分溶液都是均匀稳定的单相体系，而组分0和2构成的二组分体系发生相分离。吉布斯自由能曲面出现上凸和下凹的马鞍形，当用一平面在曲面下方切这个曲面时，假设在图中的B′和D′两点发生接触，这两点对应的溶液组成分别为 (ϕ_1', ϕ_2') 和 (ϕ_1'', ϕ_2'')。底部的三角形相图的顶点代表纯组分，各个顶点的纵坐标表示各个纯组分的化学位，而该切面与这三个纵轴的交点表示溶液中各组分的化学位 $\mu_i\,(i=0, 1, 2)$。相平衡时，$\mu_i(\phi_1', \phi_2')=\mu_i(\phi_1'', \phi_2'')\,(i=0, 1, 2)$，也就是说这两个切点所代表的组成的三组分溶液处于两相平衡状态。连续改变切面的倾斜角，表示平衡两相组成的切点沿曲面移动，连接切点就得到了曲线A′B′C′D′E′，投影到相图平面就得到这个三组分溶液在该指定温度、压力下的两相共存线ABCDE(双节点曲线)。与二组分溶液相同，吉布斯自由能曲面的拐点满足旋节点的条件式(2.49)，连接拐点的曲线 K′C′L′投影到相图平面，就得到这个温度、压力下的旋节点曲线 KCL。共存线与旋节点线相切的 C 点是临界点，与二组分溶液不同的是：在每一个温度下都可以有临界点。

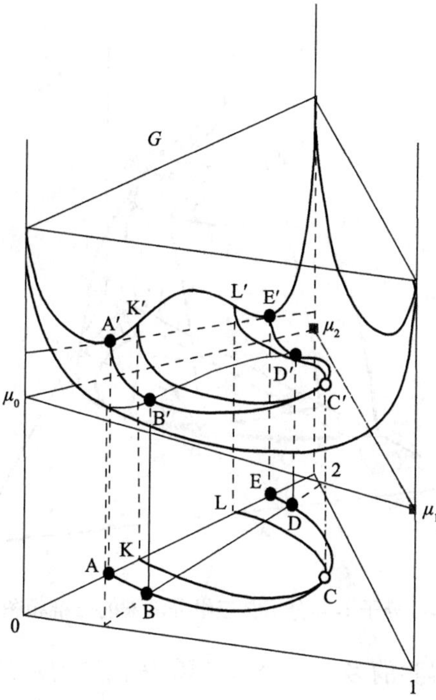

图 4.1　溶剂 0-高分子 1-高分子 2 三组分溶液的摩尔吉布斯自由能曲面与等温相图

将不同温度的相图以温度为纵坐标叠加到一起，就得到图 4.2 的三组分体系的三维相图。图中显示了共存曲面和旋节点曲面，连接各个温度的临界点的曲线 CC_5C'称为临界线(critical line)。如果高分子溶质是组分 1 和组分 2 按固定比例混合(即ξ_1一定)的混合物，二组分混合物的组成用 X 点代表，这个混合物溶液的浊点曲线(cloud point curve)是由从溶液浓度轴 $0X$ 和温度坐标 T 定义的平面对共存曲面的切线(AA_2C_5B)得到。组成为ξ_1的某个浓度的三组分溶液，随着温度降低，在 A_2 出现浑浊。A_2 就是该组成、浓度溶液的浊点(cloud point)，相分离产生的极小量的共存相的浓度、组成由 B_2 点表示。因为在分离出的相中，两种高分子组分的比例已经不同于 X 表示的比例ξ_1，所以 B_2 不在 A_2 的浊点曲线上。B_2 点称为 A_2 的阴影点(shadow point)，浊点 A 的阴影点为 K，阴影点是无法由实验测定的。溶液达到浊点温度出现极小量的共存相以后，进一步降低温度会分离成平衡的两相，但是这两相中的高分子组成一般都不等于ξ_1，也就不在浓度轴 0X 上，所以从三组分高分子溶液的浊点曲线无法得到共存的两相组成。

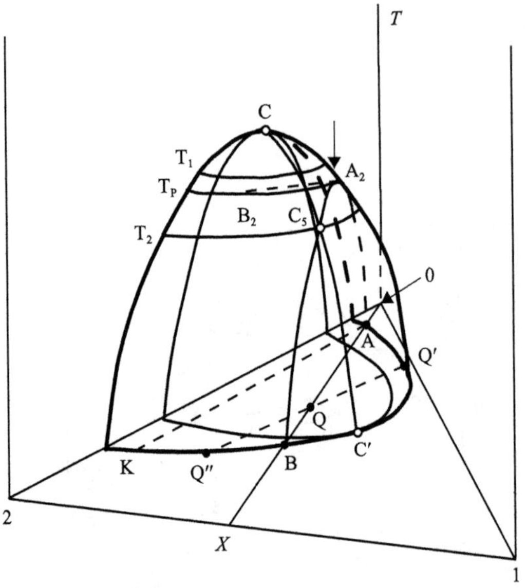

图 4.2　溶剂 0-高分子 1-高分子 2 三组分溶液的三维相图，纵轴为温度

图 4.3 是实验得到的多分散聚苯乙烯-环己烷溶液的浊点曲线与共存曲线[1]，横轴的浓度是高分子的重量分数 w_2，图中的数字是起始溶液的浓度。随着温度降至浊点，溶液中形成了极少量的第二相，出现浑浊。把浓度不同的起始溶液的浑浊温度连接起来，就得到浊点曲线(实线)。温度进一步降低，溶液发生相分离，形成平衡共存的两相，共存两相溶液的浓度、组成与起始溶液完全不同。将给定温度下共存两相的浓度分别连接起来，得到图中所示的共存曲线(虚线)。共存曲线连接的共存两相中高分子的组成是不相同的，与起始溶液的组成也不相同。除了在临界点外，共存曲线分为低浓度分支和高浓度分支，随温度升高，低浓度分支终止在浊点曲线，而高浓度分支终止在阴影曲线(shadow curve)。当起始溶液的浓度、组成恰好处于临界点时，共存曲线的两个分支通过临界点连接到一起，临界点并不是浊点曲线的最高点。只有当体系是二组分溶液时，浊点曲线、阴影曲线、

共存曲线三者一致，成为两相共存的双节点曲线，其极大值就是临界点。

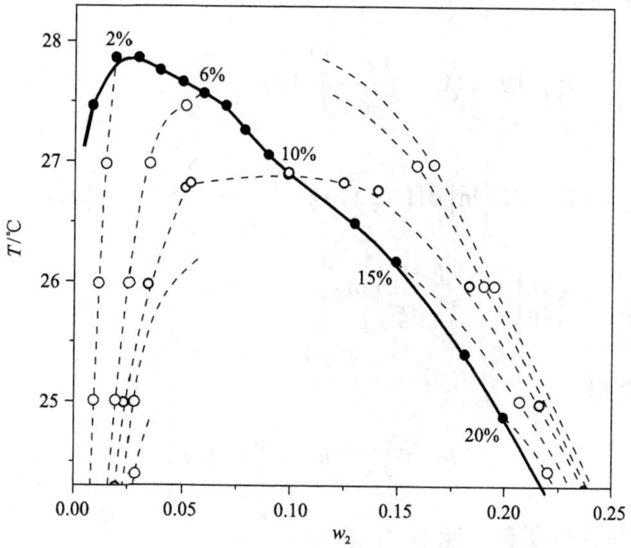

图 4.3　多分散无规聚苯乙烯-环己烷溶液的浊点曲线(实线)与共存曲线(虚线)

1. 唯象表观第二位力系数法

对于由两种相同高分子与溶剂组成的三组分溶液，像 3.5 节叙述的那样以范霍夫溶液为基础，通过实验建立唯象的表观第二位力系数Γ[2]。溶剂的化学位为

$$\mu_0=\mu_0^{\circ}-RT\left[\frac{\phi}{P_n}+\Gamma\left(T,p,\phi_1,\phi_2,P_1,P_2\right)\phi_1^{\ 2}\right] \tag{4.1}$$

式中，P_n为数均链长，

$$P_n^{-1}=\frac{\phi_1P_1^{-1}+\phi_2P_2^{-1}}{\phi} \tag{4.2}$$

根据吉布斯-杜安关系可以得到组分 1 和组分 2 的化学位。用溶液中高分子的体积分数ϕ以及组分 1 在高分子混合物中的体积分数ξ作为浓度变量，有

$$\mu_1 = \mu_1^{\infty} + RT\left\{\ln(\phi\xi) - \phi + \left(1 - \frac{P_1}{P_2}\right)(1-\xi)\phi + \Gamma P_1\phi(1-\phi) + P_1\int_0^{\phi}\left[\Gamma + (1-\xi)\left(\frac{\partial \Gamma}{\partial \xi}\right)\right]\mathrm{d}\phi\right\} \tag{4.3}$$

$$\mu_2 = \mu_2^{\infty} + RT\left\{\ln[\phi(1-\xi)] - \phi + \left(\frac{P_2}{P_1} - 1\right)\xi\phi + \Gamma P_2\phi(1-\phi) + P_2\int_0^{\phi}\left[\Gamma - \xi\left(\frac{\partial \Gamma}{\partial \xi}\right)\right]\mathrm{d}\phi\right\} \tag{4.4}$$

与式(3.61)类似

$$\mu_i^{\infty} \equiv \lim_{\phi\to 0}(\mu_i - RT\ \ln\phi_i) \tag{4.5}$$

于是，体系的吉布斯自由能 G 为

$$G = (n_0 + n_1P_1 + n_2P_2)\left\{(1-\phi)\mu_0^{\mathrm{o}} + \frac{\phi\xi}{P_1}\mu_1^{\infty} + \frac{\phi(1-\xi)}{P_2}\mu_2^{\infty} + RT\left[-\frac{\phi}{P_{\mathrm{n}}} + \frac{\phi\xi}{P_1}\ln(\phi\xi) + \frac{\phi(1-\xi)}{P_2}\ln(\phi(1-\xi)) + \phi\int_0^{\phi}\Gamma(T,p,\phi_1,\phi_2,P_1,P_2)\mathrm{d}\phi\right]\right\} \tag{4.6}$$

将实验得到的无规聚苯乙烯-环己烷溶液的表观第二位力系数Γ[式(3.63)]代入，其中指数中的 P_1 改为$[\xi P_1^{-1/2}+(1-\xi)P_2^{-1/2}]^{-2}$，$J_{c0}$ 式中的 P_1 改为$[\xi P_1^{-1/3}+(1-\xi)P_2^{-1/3}]^{-3}$，计算得到的三组分溶液相图，与实验结果的比较如图 4.4 所示。

图中圆点为实验得到的平衡共存两相的组成，连接平衡两相组成的虚线为连接线(tie line)。25℃时 f40-环己烷二组分溶液发生相分离，而 f4-环己烷二组分溶液不发生相分离，连接线几乎与 f40 组分的轴平行。14℃时 f40-环己烷二组分溶液和 f4-环己烷二组分溶液都发生相分离，连接线方向随高分子混合物的组成而变化。粗实线和细实线分别表示采用表观第二位力系数Γ计算得到的共存曲线和连接线，计算结果基本上定量地再现了实验测定的相图。

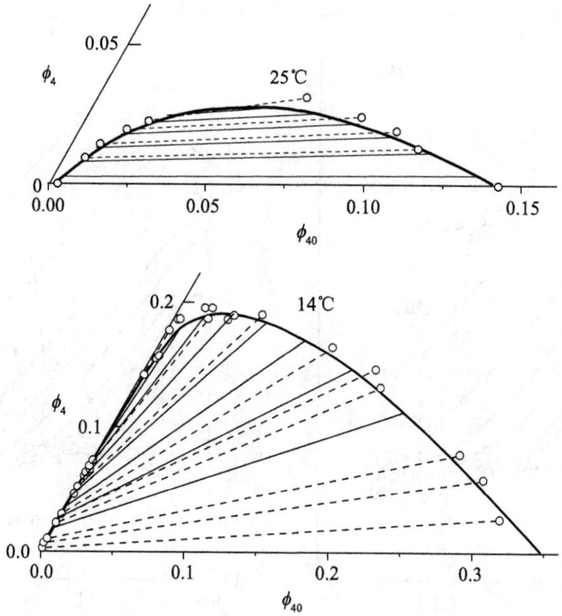

图 4.4　分子量 M_w=45300(f4)与 M_w=498000(f40)窄分布无规聚苯乙烯-环己烷三组分溶液的等温相图

圆点：实验平衡两相组成；粗实线：计算共存曲线；细实线：计算连接线(tie line)；虚线：实测连接线

图 4.5 左图是该三组分溶液的实验观测的浊点曲线，ξ_4 表示高分子混合物中 f4 所占的体积分数，ξ_4=0 或ξ_4=1 为 f40 或 f4 与环己烷的二组分高分子溶液，它们的共存曲线也在图中给出。由图可见，当高分子量组分 f40 的加入量仅为体积分数 0.01(ξ_4=0.990)时，浊点曲线的形状就发生了明显变化，说明分子量分布对高分子溶液的浊点曲线有巨大的影响。右图是利用表观第二位力系数Γ的经验函数计算的浊点曲线和阴影曲线，可见计算结果很好地表现了实验结果的特征。根据临界点的条件式(2.49)和式(2.52)，$\left|\underset{\sim}{G}\right|=G_{11}G_{22}-\left(G_{12}\right)^2=0$ 和 $\begin{vmatrix}\left(\partial\left|\underset{\sim}{G}\right|/\partial\phi_1\right)_{x_2} & \left(\partial\left|\underset{\sim}{G}\right|/\partial\phi_2\right)_{x_1}\\ G_{21} & G_{22}\end{vmatrix}=0$，得到图中点划线表示的计算临界点。解出的临界温度 T_c、临界浓度ϕ_c，对高分子混合物中 f4 体积分数ξ_4的关系见图 4.6。T_c的计算值与实验结果基本一致，尽管ϕ_c的计算结果有些偏差，整体上看计算与实验的一致程度是相当高的。这些说明采用表观第二位力系数Γ的经验函数是可以定量描述多组分高分子溶液的相分离和相平衡现象的。

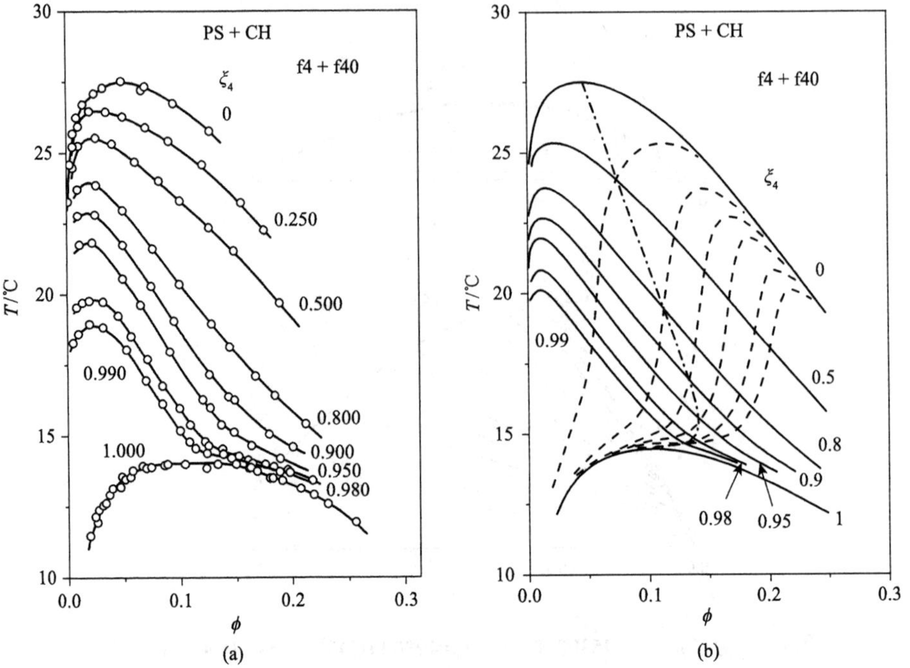

图 4.5 (a) M_w=45300 (f4) 与 M_w=498000 (f40) 窄分布无规聚苯乙烯-环己烷三组分溶液的实验浊点曲线，ξ_4 为 f4 在高分子中的体积分数；(b) 相应的计算的浊点曲线(实线)与阴影曲线(虚线)，点划线为临界点线

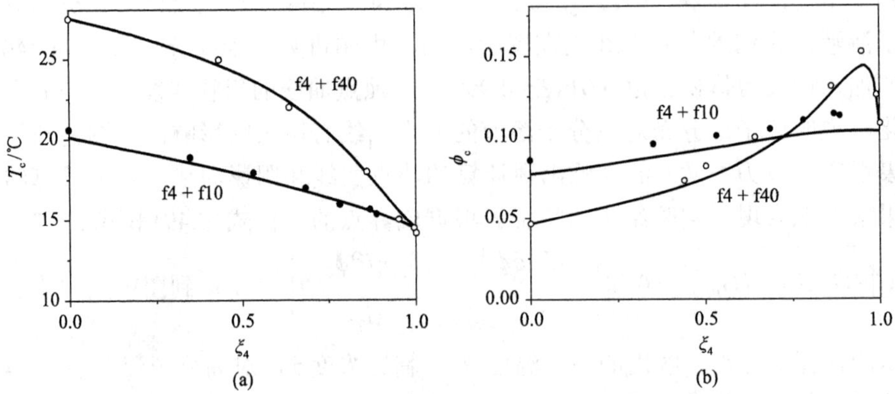

图 4.6 窄分布无规聚苯乙烯 f4 与 f40 (或 f10) -环己烷三组分溶液的实验临界温度 T_c (a) 和临界浓度 ϕ_c (b) 随高分子混合物中 f4 体积分数 ξ_4 的变化及其与计算结果的比较 (f10 为 M_w=103000 的窄分布无规聚苯乙烯)

2. 三相平衡共存

根据吉布斯相律，对于温度、压力一定的三组分溶液，可以有浓度ϕ、组成ξ不同的三相平衡存在。由弗洛里-哈金斯理论计算得知，同种高分子与溶剂形成的三组分溶液要出现三相平衡，两种高分子的链长之比要大于9.9。实际上观察到三相平衡的报道极少，说明实现三相平衡的温度、浓度、组成等条件非常苛刻。分子量 M_w=43600(f4)与 M_w=1260000(f128)的无规聚苯乙烯-环己烷三组分溶液，13.8℃的相图如图 4.7 所示，圆点是两相平衡共存点，三角形为三相平衡共存点，粗实线是共存曲线，细实线是连接线[3]。通过实验确实观察到了三相平衡共存，这个结果是在计算预测下取得的。

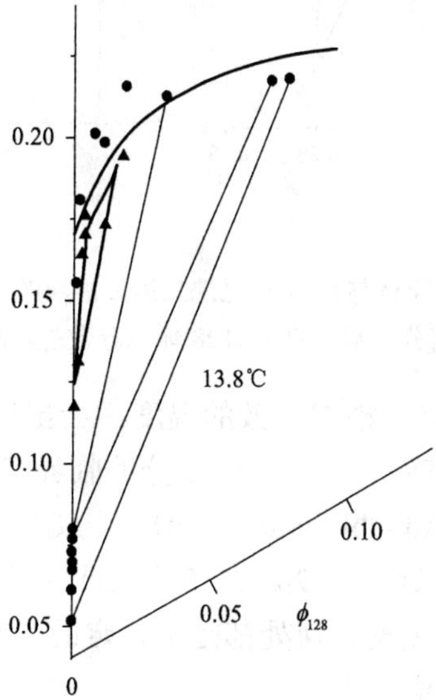

图 4.7　单分散无规聚苯乙烯 f4 与 f128-环己烷三组分溶液的等温相图

圆点：两相平衡共存点；三角形：三相平衡共存点；粗实线：共存曲线；细实线：连接线

利用实验得到的该体系的表观第二位力系数Γ经验函数，计算得到了三相平衡共存的温度，在图 4.8 中用粗实线显示，细实线是临界点线。出现三相平衡共存的温度范围很窄，为 T_l=13.765℃至 T_u=14.221℃，浓度范围是ϕ=0.058～0.233，组成范围是ξ_2=0～0.17。平衡三相的稀相、中间相、浓相的浓度、组成区域分别为 KL、LM、MN。当体系的温度降低到 T_u时，分离出 L 与 N 两相。进一步降低温度，L 相分离出稀相和中间相两相，出现三相平衡。温度降低至 T_l 时，中间相 M 与浓相 N 合并，三相共存消失。这个计算结果投影到三角形相图上，就可以看到随温度变化三相共存区域的出现与消失。

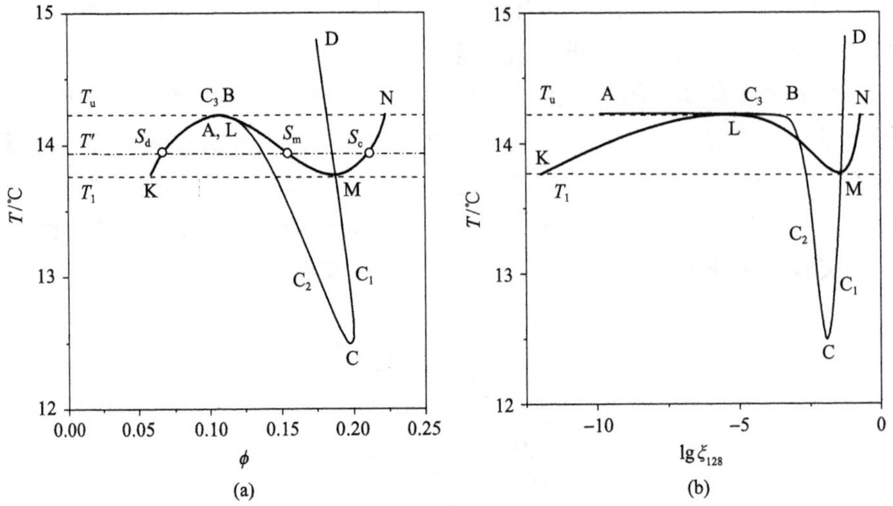

图4.8　单分散无规聚苯乙烯 f4 与 f128-环己烷三组分溶液的计算三相共存温度区间随溶液浓度ϕ(a)、高分子混合物中 f128 体积分数ξ_{128}的对数的变化(b)

细实线表示临界点，根据溶液的温度，会出现一个、两个或三个临界点。对应于临界点线 DC、CB、BA 部分的临界点分别记为 C_1、C_2、C_3。极值 B 和 C 是双褶点(double plait point)，此处两个临界点合并成一个；B 点在 T_u 以上，而 C 点远低于 T_l。在 T_l 温度上下临界点 C_1 分别是稳定的和亚稳的，而临界点 C_2 无论在何处都是不稳定的，临界点 C_3 在 B 与 L 之间是亚稳的，在 T_u 变成稳定的。

4.2　多分散高分子溶液相平衡

实际的高分子普遍具有分子量多分散性，即使是一种高分子与溶剂混合得到的溶液，也不是严格的二组分溶液，浊点曲线如图 4.5(a)那样，很难得到图 4.3 中的共存曲线。在弗洛里-哈金斯理论框架下，由溶剂化学位重新定义相互作用参数如式(3.43)，此时 $\phi=\sum_{i=1}^{r}\phi_i$ ，$\xi_i=\phi_i/\phi$。

$$\Delta\mu_0 = RT\left[\ln(1-\phi)+\left(1-P_{\mathrm{n}}^{-1}\right)\phi+\chi\phi^2\right] \tag{4.7}$$

则高分子组分 i 的化学位为

$$\Delta\mu_i = RT\left[\ln\phi_i-(P_i-1)+P_i\left(1-P_{\mathrm{n}}^{-1}\right)\phi+P_i\chi_{P_i}(1-\phi)^2\right] \tag{4.8}$$

式中，P_{n} 为数均高分子链长，在高分子各组分的密度相等的前提下，

$$P_{\mathrm{n}} = \phi\Big/\sum_{i=1}^{r}(\phi_i/P_i) = \left(\sum_{i=1}^{r}\xi_i/P_i\right)^{-1} \tag{4.9}$$

所以，与式(3.46)相似，混合的吉布斯自由能为

$$\begin{aligned}\Delta G &= n_0\Delta\mu_0+\sum_{i=1}^{r}n_i\Delta\mu_i\\ &= RT\left(n_0+\sum_{i=1}^{r}n_iP_i\right)\left[(1-\phi)\ln(1-\phi)+\sum_{i=1}^{r}(\phi_i/P_i)\ln\phi_i+g\phi(1-\phi)\right]\end{aligned} \tag{4.10}$$

χ_P 为高分子的平均相互作用参数：$\chi_P=\sum_{i=1}^{r}\xi_i\chi_{P_i}$。与二组分溶液的相互作用参数的式(3.45)和式(3.47)相似

$$\chi_P(1-\phi)^2 = -\chi\phi(1-\phi)+\int_{\phi}^{1}\chi\mathrm{d}\phi \quad 和 \quad \chi = g-(1-\phi)\left(\frac{\partial g}{\partial\phi}\right)_{T,p} \tag{4.11}$$

多组分高分子溶液的旋节点由式(2.57)解出，临界点由式(2.57)和式(2.58)联立解出。由 2.3 节中 G_{ij} 的定义可知其来自单位质量的混合自由能 ΔG_{m}，而式(4.6)是以高分子体积分数为浓度变量的，设混合过程的体积变化为 0，得到单位体积的混合自由能变化 $\Delta G_\phi=\Delta G/V$，V 是溶液体积。

设 χ 与高分子的分子量无关，得到旋节点

$$\frac{1}{1-\phi}+\frac{1}{P_{\mathrm{w}}\phi}-2\chi-\left(\frac{\partial\chi}{\partial\phi}\right)_{T,p}\phi=0 \tag{4.12}$$

式中，P_{w} 为高分子重均链长，

$$P_{\mathrm{w}}=\sum_{i=1}^{r}\xi_i P_i \tag{4.13}$$

式(4.12)与下式联立解出临界点

$$\frac{1}{(1-\phi)^2}-\frac{P_{\mathrm{z}}}{(P_{\mathrm{w}}\phi)^2}-3\left(\frac{\partial\chi}{\partial\phi}\right)_{T,p}-\left(\frac{\partial^2\chi}{\partial\phi^2}\right)_{T,p}\phi=0 \tag{4.14}$$

式中，P_{z}为 z 均高分子链长

$$P_{\mathrm{z}}=\frac{\sum_{i=1}^{r}\xi_i^2 P_i}{P_{\mathrm{w}}} \tag{4.15}$$

如果χ与 g 既不依赖于高分子浓度ϕ也不依赖于高分子分子量 P_i，由式(4.12)和式(4.14)解出的临界点为

$$\phi_{\mathrm{c}}=\frac{1}{1+\dfrac{P_{\mathrm{w}}}{P_{\mathrm{z}}^{1/2}}},\quad \chi(T_{\mathrm{c}})=\frac{1}{2}\left(1+\frac{P_{\mathrm{z}}^{1/2}}{P_{\mathrm{w}}}\right)\left(1+\frac{1}{P_{\mathrm{z}}^{1/2}}\right) \tag{4.16}$$

如果χ与高分子的分子量无关，式(4.12)表明重均分子量一样的高分子试样的旋节点线是一致的，但是实验观测的结果显示，旋节点线与高分子的分子量分布有关。

分子量多分散的高分子与溶剂组成的溶液称为准二组分溶液(quasibinary solution)，因为有分子量不同的组分，不能简单地用二组分溶液的热力学来处理相平衡。发生相分离形成平衡共存的两相时，这两相处于热力学平衡的条件为：$\Delta\mu_i(T,p,\phi_1',\phi_2',\cdots,\phi_r')=\Delta\mu_i(T,p,\phi_1'',\phi_2'',\cdots,\phi_r'')$，其中 $i=0,1,\cdots,r$。下面将给出通过相平衡条件来计算浊点曲线和阴影曲线的基本步骤。两相按高分子浓度分为稀相和浓相，将式(4.7)和式(4.8)代入，设 χ_{P_i} 与分子量无关，分别得到

$$\ln(1-\phi')+\sum_{i=1}^{r}\left(1-P_i^{-1}\right)\phi_i'+\chi\phi'^2=\ln(1-\phi'')+\sum_{i=1}^{r}\left(1-P_i^{-1}\right)\phi_i''+\chi\phi''^2 \tag{4.17}$$

$$
\begin{aligned}
&P_i^{-1}\ln\phi_i' + \sum_{i=1}^{r}\left(1-P_i^{-1}\right)\phi_i' - \chi\phi'\left(1-\phi'\right) + \int_{\phi'}^{1}\chi \mathrm{d}\phi \\
&= P_i^{-1}\ln\phi_i'' + \sum_{i=1}^{r}\left(1-P_i^{-1}\right)\phi_i'' - \chi\phi''\left(1-\phi''\right) + \int_{\phi''}^{1}\chi \mathrm{d}\phi
\end{aligned}
\tag{4.18}
$$

因为 P_{n} 与各相中高分子的组成有关，上式中已根据式(4.2)转换成 P_i 和ϕ_i。χ_P 也用式(4.11)转换为χ。

为了方便处理多组分体系的两相平衡，定义分离因子(separation factor) σ_i 为[4]

$$
\phi_i''/\phi_i' \equiv \exp\left(P_i\sigma_i\right) \quad (i=1, 2,\cdots, r) \tag{4.19}
$$

式(4.18)减去式(4.17)，代入上式得到

$$
\sigma_i = \ln\left(1-\phi''\right) - \ln\left(1-\phi'\right) + \left[\chi''\phi'' - \chi'\phi'\right] + \int_{\phi'}^{\phi''}\chi \mathrm{d}\phi \tag{4.20}
$$

相分离前溶液体积为 V，相分离后稀相体积和浓相体积分别为 V'和 V''，且总体积不变，即 $V\phi_i=V'\phi_i'+V''\phi_i''$ $(i=1, 2,\cdots, r)$。定义相体积比 $R\equiv V''/V'$，得到

$$
\phi_i = \frac{1+R\exp\left(P_i\sigma_i\right)}{1+R}\phi_i' \quad (i=1, 2,\cdots, r) \tag{4.21}
$$

或

$$
\phi_i = \frac{R+\exp\left(-P_i\sigma_i\right)}{1+R}\phi_i'' \quad (i=1, 2,\cdots, r) \tag{4.22}
$$

对于温度 T、压力 p 和浓度ϕ_i $(i=1, 2,\cdots, r)$［或 T、p、ϕ、ξ_i $(i=2, 3,\cdots, r)$］一定的起始高分子溶液，计算平衡共存两相要解出 $2r$ 个未知浓度ϕ_i'、ϕ_i'' $(i=1, 2,\cdots, r)$和两相体积比 R，我们有式(4.17)、式(4.21)和式(4.22)共 $2r+1$ 个条件。计算浊点曲线和阴影曲线时首先要判断起始溶液的浓度是否低于临界浓度，如果$\phi<\phi_{\mathrm{c}}$，则主相为稀相。随温度下降达到浊点时 $R\to 0$，有 $\xi_i''=\xi_i\exp(P_i\sigma_i)$，$(i=1, 2,\cdots, r)$；由式(4.21)和式(4.22)得到浊点曲线为

$$\phi_i' = \xi_i\phi,\ \ \phi' = \phi,\ \ P_n' = P_n = \left(\sum_{i=1}^{r}\xi_i / P_i\right)^{-1} \tag{4.23}$$

对应的阴影曲线为

$$\phi_i'' = \xi_i''\phi,\ \ \phi'' = \phi\sum_{i=1}^{r}\xi_i'',\ \ P_n'' = \sum_{j=1}^{r}\xi_j''\left(\sum_{i=1}^{r}\xi_i'' / P_i\right)^{-1} \tag{4.24}$$

当起始溶液的浓度高于临界浓度，$\phi > \phi_c$，则主相为浓相。对应地有$\xi_i'=\xi_i\exp(-P_i\sigma_i)$，$(i=1, 2,\cdots, r)$；浊点曲线为

$$\phi_i' = \xi_i'\phi,\ \ \phi' = \phi\sum_{i=1}^{r}\xi_i',\ \ P_n' = \sum_{j=1}^{r}\xi_j'\left(\sum_{i=1}^{r}\xi_i' / P_i\right)^{-1} \tag{4.25}$$

对应的阴影曲线为

$$\phi_i'' = \xi_i\phi,\ \ \phi'' = \phi,\ \ P_n'' = P_n \tag{4.26}$$

对于多分散高分子$\xi_i(P_i)$所表示的就是分子量的质量分布函数。从以上的计算可见，除了准确的相互作用函数χ之外，平衡两相的组成还与高分子试样的分子量分布有关。在高分子溶液热力学发展过程中，曾根据聚合反应机理，提出过多种分子量分布函数。但是，这些函数还是不能描述工业与实验室制备的各种各样的高分子试样的分子量分布。

为了便于实验考察相互作用函数χ的分子量依赖性，可以将式(4.19)的分离因子改写成

$$\ln\left(\frac{W_i'}{W_i''}\right) = \ln r - \sigma_i M_i \tag{4.27}$$

式中，W_i'和 W_i''分别是稀相和浓相中 i 组分的重量，M_i是 i 组分的分子量，r 是将体积分数转为重量分数、链长转为分子量带来的常数。将 $\ln(W_i'/W_i'')$对 M_i作图，得到Breitenbach-Wolf图[5]。如果σ_i与分子量无关，则Breitenbach-Wolf 图应该是直线。Kleintjens 等采用分子量宽分布的无规聚苯乙烯-环己烷溶液在一定温度下相分离成平衡的两相，用体积排斥色谱(SEC)测定各相中分子量不同的组分的浓度，得到图 4.9 所示的 Breitenbach-Wolf 图[6]。图中不是直线而是曲线，说明σ_i与分子量有关，根据式(4.20)可知该结果表

示χ具有分子量依赖性。

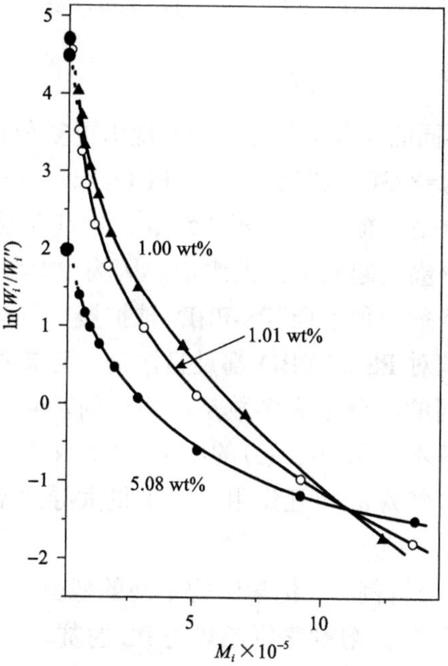

图 4.9　M_w=410000 宽分布无规聚苯乙烯-环己烷溶液 25.7℃的 Breitenbach-Wolf 图
(图中数字为相分离前溶液浓度)

既然唯象的表观第二位力系数Γ在描述三组分高分子溶液相平衡上取得了成功，也将其推广到了多组分高分子溶液，用于计算分离因子[7]。对于多组分高分子溶液的吉布斯自由能，由式(4.6)可得

$$G=\left(n_0+\sum_{i=1}^{r}n_iP_i\right)\left\{(1-\phi)\mu_0^{\circ}+\sum_{i=1}^{r}\frac{\phi_i}{P_i}\mu_i^{\infty}\right.$$
$$\left.+RT\left[-\frac{\phi}{P_n}+\sum_{i=1}^{r}\frac{\phi_i}{P_i}\ln\phi_i+\phi\int_0^{\phi}\Gamma\left(T,p,\phi_1,\cdots,\phi_r,P_1,\cdots,P_r\right)\mathrm{d}\phi\right]\right\} \tag{4.28}$$

由此可以解出μ_i，从而计算分离因子σ_i。计算结果反映了实验数据的特征。

4.3　不同种类高分子与溶剂的三组分溶液相平衡

以上讨论的都是化学上属于同一种类仅分子量不同的高分子与溶剂组

成的高分子溶液，现在开始讨论化学结构不同的高分子与溶剂组成的多组分高分子溶液相平衡。以三组分溶液为例，会出现更多不同的相图。

1. 相图

两种化学结构不同的高分子与溶剂会表现出更复杂的相行为，图 4.10(a)为聚苯乙烯(PS，M_w=87300)和聚丁二烯(PBD，M_w=130000)的甲苯溶液在23℃的相图[8]，圆点是平衡共存两相的组成，虚线是连接线，实线是双节点线，三角形是相分离前起始溶液的组成。因为 PS 与 PBD 不相溶，所以相分离区间由表示溶剂的顶点向 PS-PBD 轴扩展，均匀的单相溶液仅存在于低浓度区域。甲苯对 PS 和 PBD 都是良溶剂，连接线与 PS-PBD 轴基本平行。化学结构不同的高分子大多数是不相溶的，它们与溶剂组成的三组分溶液的等温相图基本与图 4.10(a)的 PS+PBD+甲苯相图相似。这是因为不同高分子之间没有特殊的相互作用，分子量大导致混合前后的熵变化不大，不利于互溶。

图 4.10(b)是一个特例[9]，化学结构不同的低分子量的 PS 与聚甲基乙烯基醚(PVME)是互溶的，溶剂三氯乙烯是 PS 的贫溶剂、PVME 的良溶剂。所以，在 14℃时，PS-三氯乙烯溶液发生相分离，而在 28℃和 30℃时，这个三组分体系中的任何一个二组分体系都不发生相分离，相分离区域变成了三角形相图中部的圆形区域。这也是相溶性高分子对与溶剂组成的三组分体系相图的特点，这是由溶剂对两种高分子的溶解性不同而导致的，类似的相图在一种高分子和混合溶剂的三组分体系中也会出现。

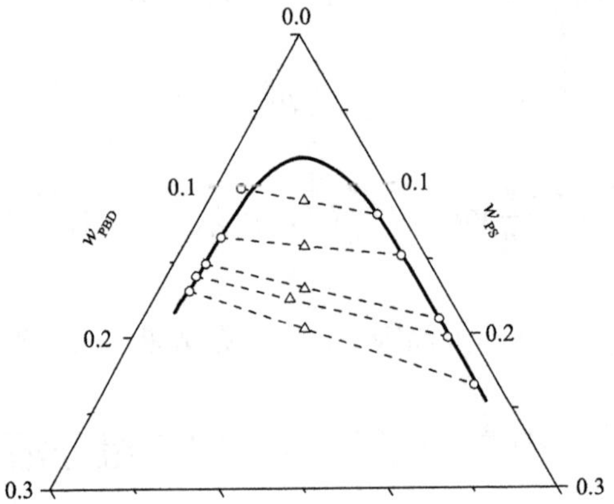

(a)

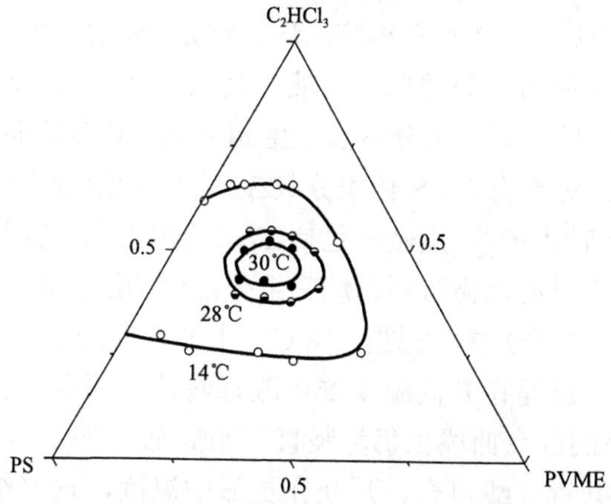

(b)

图 4.10　(a)聚苯乙烯(PS，M_w=87300)+聚丁二烯(PBD，M_w=130000)+甲苯，23℃；(b)聚苯乙烯(PS，M_w=2100)+聚甲基乙烯基醚(PVME，M_w=14000)+三氯乙烯，白圆点：14℃；半黑圆点：28℃；黑圆点：30℃

不相溶的两种高分子 PS 和聚异戊二烯(PIP)与溶剂环己烷组成的三组分体系的三维相图以及对应的浊点曲线见图 4.11[10]。三维相图上的曲面为

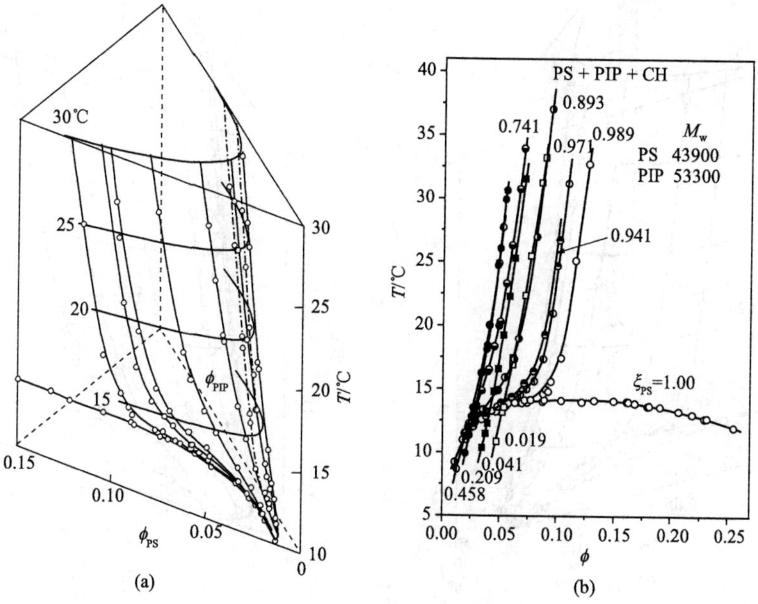

(a)　　(b)

图 4.11　(a)聚苯乙烯(PS，M_w=43900)+聚异戊二烯(PIP，M_w=53300)+环己烷(CH)的三维相图；(b)对应三组分体系的浊点曲线，ξ_{PS}为高分子溶质中 PS 的体积分数

共存曲面，由于 PS 与 PIP 互不相溶，环己烷是 PS 的贫溶剂和 PIP 的良溶剂，所以低浓度区域为均匀的单相溶液，高浓度区域发生相分离。因为温度低于 15℃时 PS-环己烷二组分溶液发生相分离，共存曲面与ϕ_{PS}轴及 T 轴决定的平面相交。对于指定 PS 体积分数ξ_{PS}的 PS-PIP 混合物，从表示溶剂的顶点到 PS-PIP 轴上的ξ_{PS}点做一包括 T 轴的垂直面，其与共存曲面的割线就是该组成高分子混合物与环己烷三组分溶液的浊点曲线，不同ξ_{PS}的浊点曲线汇集在图 4.11 (b) 中。可见在 18℃以上浊点曲线基本是竖直的，右侧为相分离区域，也就是说升高温度难以改善两种不同高分子的相溶性。在 18℃以下ξ_{PS}较小的浊点曲线上仍然竖直，而ξ_{PS}较大的浊点曲线与 PS-环己烷二组分溶液的共存曲线重合，反映在更低的温度，这些组成的三组分体系已经没有单相溶液存在了。

再考察溶剂对两种高分子具有不同的溶解性对相图形状的作用。两种不相溶的高分子为 PS 和聚异丁烯(PIB)，溶剂环己烷是 PS 的贫溶剂和 PIB 的良溶剂，溶剂苯则是 PS 的良溶剂和 PIB 的贫溶剂。图 4.12 为这两个三

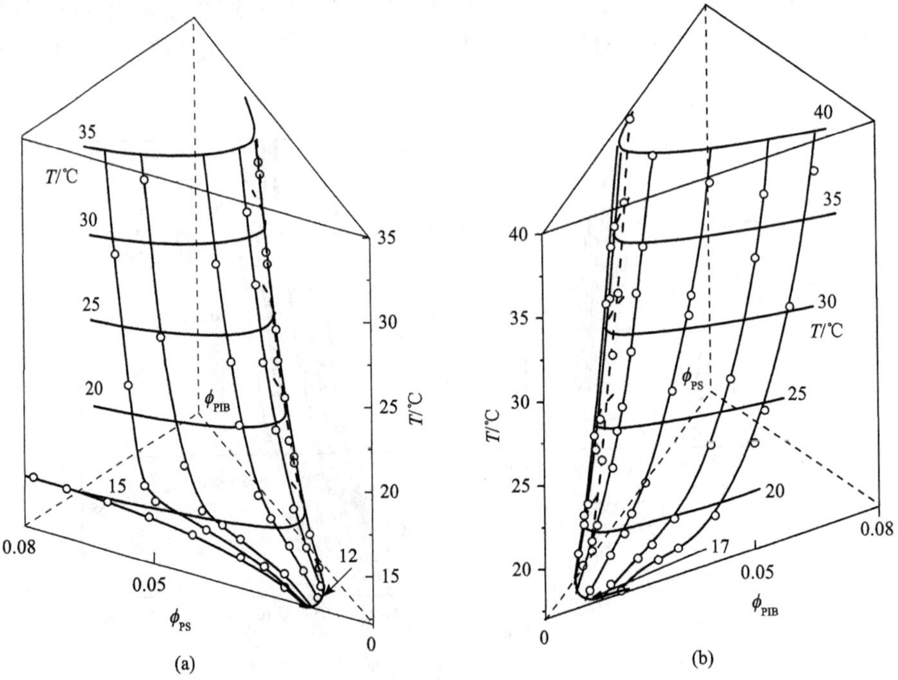

图 4.12 聚苯乙烯(PS，M_w=53600)+聚异丁烯(PIB，M_w=134000)在环己烷(a)和苯(b)的三维相图

组分体系的三维相图[11]，由于两种高分子是不相溶的，所以相分离区域由靠近溶剂的顶点向 PS-PIB 轴扩展开。同样，升温不能改善这两种高分子的相溶性，高温部分的共存曲面基本是竖直的。降低温度 PS-环己烷二组分溶液发生相分离，共存曲面与ϕ_{PS}轴及 T 轴决定的平面相交[图 4.12(a)]。由于 PIB 与苯的折光指数非常接近，所以这个二组分溶液的浊点曲线无法实验测定[在图 4.13(b)中用虚线表示]，图 4.12(b)中无法表现出共存曲面与ϕ_{PIB}轴及 T 轴决定的平面的相交。图 4.13 是这两个三组分体系对应的浊点曲线，特点与图 4.11(b)基本相同。值得指出的是，在二组分体系中加入很少量的另一种高分子[如图 4.13(a)中ξ_{PS}=0.9504 和(b)中ξ_{PS}=0.0572]都会显著地改变浊点曲线的形状。也就是说，在一种高分子中混入少量的第二种高分子会极大地降低溶解性。

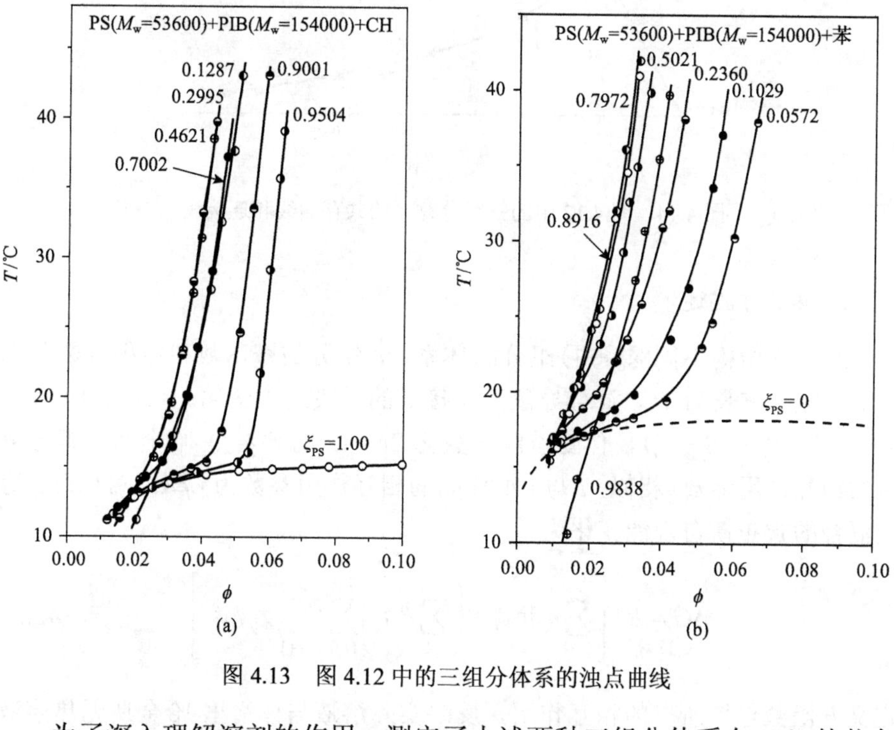

图 4.13　图 4.12 中的三组分体系的浊点曲线

为了深入理解溶剂的作用，测定了上述两种三组分体系在 30℃的共存曲线与连接线，见图 4.14。可见环己烷溶液中连接线是倾向ϕ_{PS}轴的，平衡两相中 PS 浓度有较大不同。而苯溶液中的连接线是倾向ϕ_{PIB}轴的，反映平衡两相中 PIB 的浓度有较大差异。也就是说，贫溶剂的高分子组分反而会尽可能多地留在浓相，良溶剂的高分子组分会被从浓相排斥出来，表明高分子组分间的不相溶性在相分离中起决定作用。温度越低，这种作用越明显。

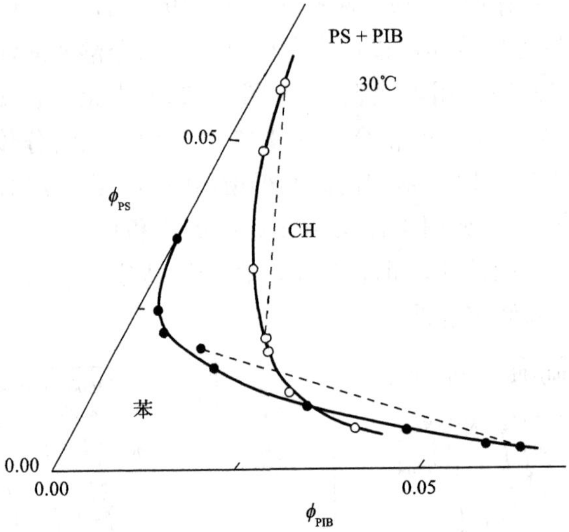

图 4.14　图 4.12 中的三组分体系的共存曲线和连接线

2. 热力学描述

对化学结构不同的$(r+1)$组分的体系，i 组分的摩尔数和体积分数分别为 n_i 和ϕ_i，链长为 P_i。混合导致互相接触的链段发生变化：$(S_i—S_i)+(S_j—S_j)\to(S_i—S_j)+(S_j—S_i)$，伴随着能量变化 $2\Delta w_{ij}$。与弗洛里-哈金斯二组分溶液的相互作用参数χ相似，i 与 j 组分间的相互作用参数为$\chi_{ij}=z\Delta w_{ij}/(kT)$。溶液混合的吉布斯自由能变化为

$$\Delta G = RT\left[\sum_{i=0}^{r} n_i \ln\phi_i + \left(\sum_{i=0}^{r} P_i n_i\right)\sum_{i=0}^{r-1}\sum_{j=i+1}^{r}\chi_{ij}\phi_i\phi_j\right] \tag{4.29}$$

定义 h 函数包括所有的相互作用，反映实际溶液与弗洛里-哈金斯无热溶液$(\chi=0)$的差异，得到

$$h = \sum_{i=0}^{r-1}\sum_{j=i+1}^{r}\chi_{ij}\phi_i\phi_j \tag{4.30}$$

如果按照弗洛里-哈金斯理论的假设，χ_{ij} 仅看作是温度的函数，由上述关于二组分、三组分高分子溶液的讨论可知，其无法正确地描述两组分间的相互作用，从而无法计算得到正确的相图。

我们以两种高分子与溶剂组成的三组分溶液为例，从溶剂的化学位出发，定义相互作用参数χ，由渗透压的位力展开式得到 h 函数[12]。

$$\left(\mu_0-\mu_0^{\circ}\right)\Big/RT=\ln\phi_0+\left(1-P_{\mathrm{n}}^{-1}\right)+\chi\phi^2 \tag{4.31}$$

尽管是化学结构不同的高分子，数均链长仍用式(4.9)计算；$\chi=[h-\phi(\partial h/\partial\phi)_{T,p}]/\phi^2$。通过吉布斯-杜安关系得到溶质高分子组分 i 的化学位μ_i：

$$\left(\mu_i-\mu_i^{\infty}\right)\Big/RT=\ln\phi_i+P_i\left(1-P_{\mathrm{n}}^{-1}\right)\phi-P_i\left\{\chi\phi_0\phi+\int_0^{\phi}\phi\left[\chi+\left(1-\xi_i\right)\left(\frac{\partial\chi}{\partial\xi_i}\right)_{T,p,\phi}\right]\mathrm{d}\phi\right\}$$
$$(i=1,\ 2) \tag{4.32}$$

其中 $\mu_i^{\infty}=\lim\limits_{\phi\to0}\left(\mu_i-RT\ln\phi_i\right)$，($i$=1, 2)。也就是说，式(4.32)是以无限稀溶液为标准状态的高分子溶质 i 的化学位。这是与弗洛里-哈金斯理论不同的地方，该理论是以纯溶剂、纯高分子溶质为混合前的基准状态的。由上面推导得到 h 函数

$$h=-\phi\int_0^{\phi}\chi\mathrm{d}\phi+\phi\sum_{i=1}^{2}\xi_i\left(1-\frac{1}{P_i}+\frac{\mu_i^{\infty}-\mu_i^{0}}{P_iRT}\right) \tag{4.33}$$

温度 T 和溶剂化学位μ_0一定的条件下，三组分溶液的渗透压π 可写成位力展开式

$$\begin{aligned}\frac{\pi}{RT}&=-\frac{\mu_0-\mu_0^{\circ}}{V_0RT}\\&=\sum_{i=1}^{2}\frac{c_i}{M_i}+\frac{1}{2}\sum_{i=1}^{2}\sum_{j=1}^{2}B_{ij}c_ic_j+\frac{1}{3}\sum_{i=1}^{2}\sum_{j=1}^{2}\sum_{k=1}^{2}B_{ijk}c_ic_jc_k+\cdots\end{aligned} \tag{4.34}$$

其中 B_{ij}、B_{ijk} 分别为描述二体、三体相互作用的参数。将定义χ的式(4.31)代入此式，并以体积分数为浓度变量，得到

$$\chi = \phi^{-2}\left(\sum_{i=1}^{2}\sum_{j=1}^{2}E_{ij}\phi_i\phi_j + \sum_{i=1}^{2}\sum_{j=1}^{2}\sum_{k}^{2}E_{ijk}\phi_i\phi_j\phi_k + \cdots\right) \tag{4.35}$$

$$E_{ij} = \frac{1}{2}\left(1 - \frac{V_0 B_{ij}}{v_i v_j}\right),\quad E_{ijk} = \frac{1}{3}\left(1 - \frac{V_0 B_{ijk}}{v_i v_j v_k}\right) \tag{4.36}$$

v_i为组分 i 的比容。因为 E_{ij}、E_{ijk}可以交换下标，式(4.35)改写为

$$\begin{aligned}\chi = {} & \xi_1^{\ 2}\left(E_{11} + E_{111}\phi_1 + E_{1111}\phi_1^{\ 2} + \cdots\right) + \xi_2^{\ 2}\left(E_{22} + E_{222}\phi_2 + E_{2222}\phi_2^{\ 2} + \cdots\right) \\ & + 2\xi_1\xi_2\left[E_{12} + \frac{3}{2}\left(E_{112}\phi_1 + E_{122}\phi_2\right) + 2E_{1112}\phi_1^{\ 2} + 3E_{1122}\phi_1\phi_2 + 2E_{1222}\phi_2^{\ 2} + \cdots\right]\end{aligned} \tag{4.37}$$

当ξ_1=1 或ξ_2=1 时体系成为溶剂与组分 1 或 2 组成的二组分体系，即χ=$\chi_{ii}(\phi_i)$，

$$\chi_{ii}(\phi_i) = E_{ii} + E_{iii}\phi_i + E_{iiii}\phi_i^{\ 2} + \cdots \quad (i = 1, 2) \tag{4.38}$$

从式(4.37)减去由式(4.38)描述的两个二组分溶液相互作用参数，即$\xi_1^{\ 2}\chi_{11}(\phi_1)+\xi_2^{\ 2}\chi_{22}(\phi_2)$，余下的部分写成 $2\xi_1\xi_2\chi_{12}(\phi_1, \phi_2)$，得到

$$\chi_{12}(\phi_1,\phi_2) = E_{12} + \frac{3}{2}\left(E_{112}\phi_1 + E_{122}\phi_2\right) + 2E_{1112}\phi_1^{\ 2} + 3E_{1122}\phi_1\phi_2 + 2E_{1222}\phi_2^{\ 2} + \cdots \tag{4.39}$$

所以

$$\chi = \xi_1^{\ 2}\chi_{11}(\phi_1) + \xi_2^{\ 2}\chi_{22}(\phi_2) + 2\xi_1\xi_2\chi_{12}(\phi_1,\phi_2) \tag{4.40}$$

尽管溶剂化学位μ_0 的式(4.31)与弗洛里-哈金斯理论的μ_0 式(4.7)形式上是一样的，但是此处的χ设为温度、浓度、分子量等的经验函数。更重要的是以无限稀溶液为基准状态，所以溶质高分子的化学位μ_i式(4.32)与弗洛里-哈金斯理论的μ_i 式(4.8)完全不同。得到的三组分体系的χ与各组成二组分体系的χ_{ij}的关系为式(4.40)。由式(4.38)可知，χ_{ii}表示的是溶剂 0 与溶质 i 组成的二组分体系中溶质 i 之间的相互作用，可以由二组分体系测定。余下的χ_{ij} 由式(4.39)可知是三组分体系中溶质 i 与 j 之间的相互作用，当χ_{11}和χ_{22}已知后，可由三组分溶液的实验测定。所以，三组分体系的相互作用函数χ就成为可以由其中的二组分体系及三组分体系分别实验测定的函数。

而且，使用无限稀溶液为基准状态的位力展开式，其系数可与集团积分(cluster integral)相关联，因此，χ就可以与集团积分相关联而具有物理意义。

3. 计算相图的唯象方法

根据式(4.38)和式(4.40)可知，χ_{ii}表示的是溶剂 0 与溶质 i 组成的二组分体系中溶质 i 之间的相互作用，可以由二组分体系的光散射测定。将得到的χ_{11}与χ_{22}代入三组分溶液的光散射方程中，余下的就是两种高分子之间相互作用的χ_{12}的贡献。图 4.11 中的聚苯乙烯+聚异戊二烯+环己烷三组分溶液的光散射结果如图 4.15 中的圆点所示[13]。因为无法知道χ_{12}的函数形式，假设为最简单的线性方程：

$$\chi_{12}\left(\phi,\xi_1\right)=k_0+\left(k_1\xi_1+k_2\xi_2\right)\phi \tag{4.41}$$

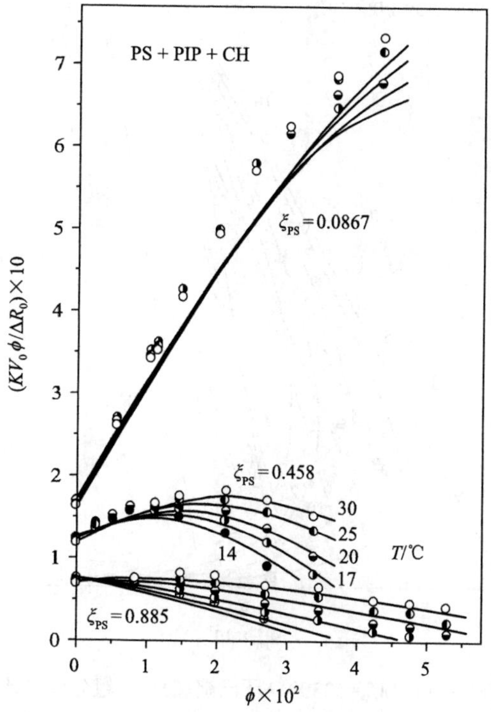

图 4.15　聚苯乙烯(PS，M_w=43900)+聚异戊二烯(PIP，M_w=53300)+环己烷(CH)三组分体系的光散射结果($KV_0\phi/\Delta R_0$)随溶液中高分子体积分数ϕ的变化，V_0为环己烷的摩尔体积，ΔR_0为溶液与溶剂瑞利比之差，ξ_{PS}为 PS 的体积分数。不同的圆点表示不同的温度，曲线为计算结果

通过对光散射数据进行拟合，确定系数 k_0=0.44、k_1=−6.1+2000/T、k_2=−4.8+1300/T，计算曲线(实线)能够很好地再现光散射结果。

根据两相平衡的条件$\mu_0'(\phi, \xi_1)=\mu_0''(\phi, \xi_1)$和$\mu_i'(\phi, \xi_1)=\mu_i''(\phi, \xi_1)$ (i=1, 2)，将实验建立的三组分体系相互作用函数χ代入化学位μ_0和μ_i中，可以计算三组分溶液的相图。此时，共有温度 T 和(ϕ', ξ_1')及(ϕ'', ξ_1'') 5 个未知量，给定 T 及一个组成变量，由上述三个方程就可以解出另外三个组成变量。在一定温度下连续改变一个组成变量，可以解出一系列组成变量，从而得到该温度的共存曲线，代表平衡相的两点间的连线就是连接线。图 4.15 中的三组分体系的等温共存曲线和连接线的计算结果见图 4.16，基本上定量地表达了实验得到的共存相组成和连接线[10]。但是，在临界点附近观测

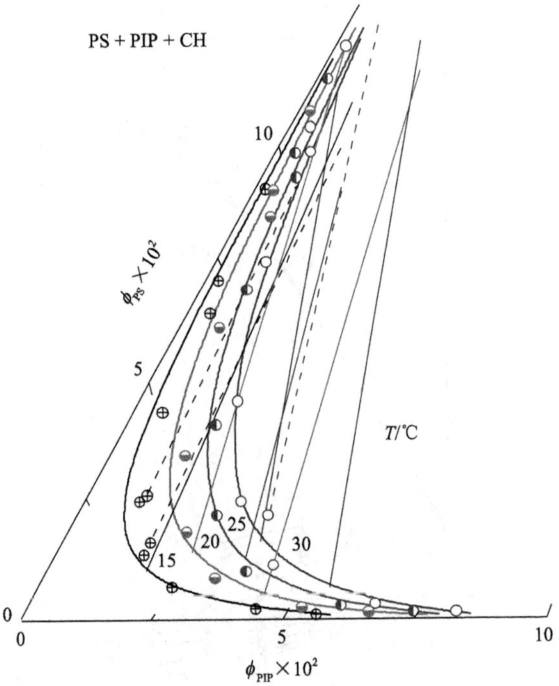

图 4.16　PS(M_w=43900)+PIP(M_w=53300)+环己烷(CH)三组分体系计算等温共存曲线(粗实线)、连接线(细实线)与实验共存相(圆点)、连接线(虚线)的比较；温度自右向左分别为 30℃、25℃、20℃、15℃

的共存相连线非常扁平，而计算曲线呈现较大的弯曲。这是由于传统的热力学理论无法准确描述临界现象造成的，不能通过唯象论的相互作用函数得到修正。

改变温度计算得到不同温度的共存曲线，在三维坐标系中作图，就可以构建共存曲面。还可以计算浊点曲线和对应的阴影曲线，结果见图 4.17。计算的浊点曲线反映了观测浊点曲线[图 4.11(b)]的特点，在 PS+CH 二组分溶液中加入少量 PIP，尽管溶剂 CH 是 PIP 的良溶剂，仍导致浊点温度急剧上升。浊点曲线随高分子试样中 PS 的体积分数ξ_{PS}变化而移动，当$\xi_{PS}\approx$ 0.5 时位于最低的高分子浓度ϕ，计算曲线也呈现同样的规律。

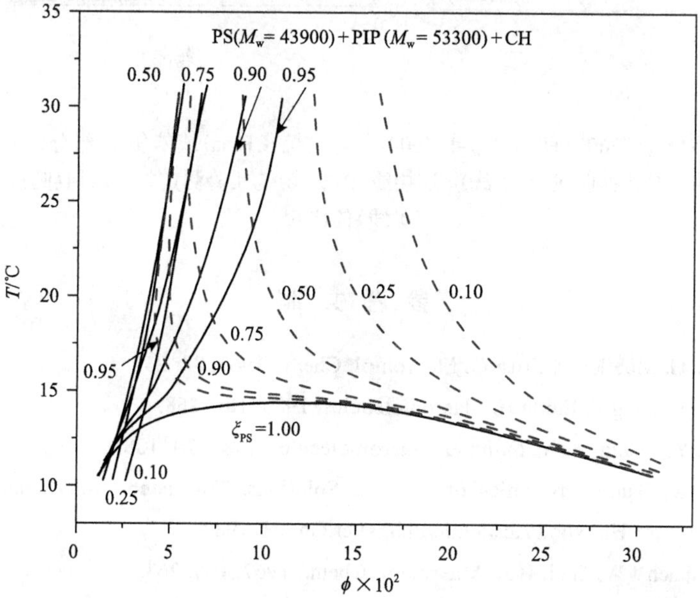

图 4.17　PS(M_w=43900)+PIP(M_w=53300)+环己烷(CH)三组分体系计算浊点曲线(粗实线)和阴影曲线(虚线)

图 4.12、图 4.13、图 4.14 表现了改变溶剂对高分子的溶解性带来的相图变化，这种变化同样可以利用唯象的相互作用函数计算，图 4.18 是计算与实验结果的比较[11]。等温共存曲线和连接线都得到了很好的再现，再次说明唯象的相互作用函数可以定量描述不同种类高分子与溶剂组成的三组分体系中的相互作用。

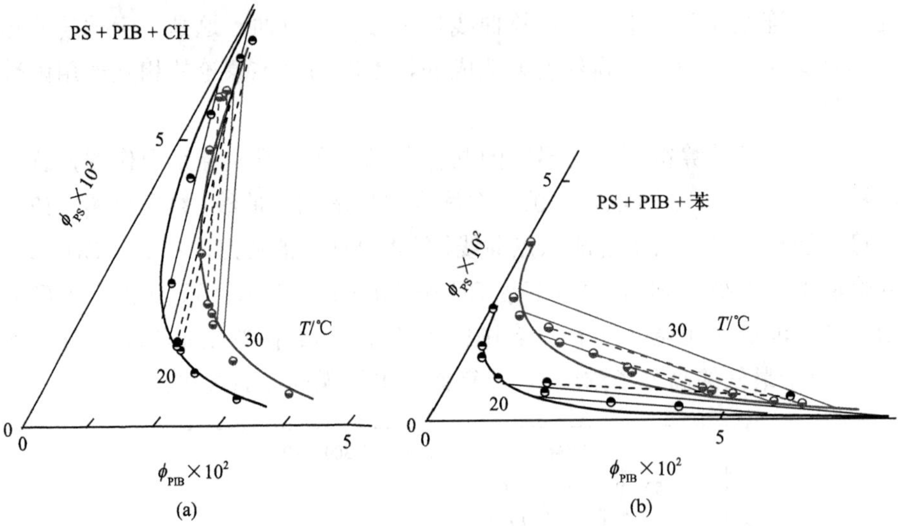

图 4.18　PS (M_w=53600)+PIB (M_w=154000) 与环己烷 (CH，a) 或苯 (b) 三组分体系在 30℃与 20℃计算的等温共存曲线 (粗实线)、连接线 (细实线) 与实验测定共存两相 (圆点) 和连接线 (虚线) 的比较

参 考 文 献

[1] Rehage G, Moeller D, Ernst O. Makromol. Chem., 1965, 88: 232.

[2] Einaga Y, Tong Z, Fujita H. Macromolecules, 1985, 18: 2258.

[3] Einaga Y, Nakamura Y, Fujita H. Macromolecules, 1987, 20: 1083.

[4] Kurata M. Thermodynamics of Polymer Solutions. Translated from Japanese by H. Fujita. Chur : Harwood Academic Publisher GmbH, 1982.

[5] Breitenbach J W, Wolf B A. Makromol. Chem., 1967, 108: 263.

[6] Kleintjens L A, Koningsveld R, Stockmayer W H. Br. Polym. J.,1976, 8: 144.

[7] Tong Z, Einaga Y, Fujita II. Macromolecules, 1985, 18: 2264.

[8] Narasimhan V, Huang R Y M, Burns C M. J. Polym. Sci., Polym. Symp., 1986, 74: 265.

[9] Robard A, Patterson D. Macromolecules, 1977, 10: 1021.

[10] Tong Z, Einaga Y, Miyashita H, Fujita H. Macromolecules, 1987, 20: 1888.

[11] Tong Z, Einaga Y, Kitagawa T, Fujita H. Macromolecules, 1989, 22: 450.

[12] Einaga Y, Tong Z, Fujita H. Macromolecules, 1987, 20: 2027.

[13] Tong Z, Einaga Y, Miyashita H, Fujita H. Macromolecules, 1987, 20: 1883.

第5章 高分子溶液的光散射

在高分子研究中，光散射除了可以测定分子量之外，还用于测定高分子溶液的相互作用参数。虽然利用渗透压在原理上也可以达到同样的目的，但是在同样的质量浓度下，高分子量的试样产生的渗透压很低，而低分子量的试样容易通过半透膜，所以难以得到准确的数据。光散射能够覆盖的高分子分子量范围和溶液浓度范围都比渗透压宽得多，在这方面有独到的优势。本章介绍关于高分子溶液光散射的原理，Debye 等在 20 世纪 40 年代就将光散射用于研究高分子溶液，Zimm 等为高分子溶液光散射的发展做出了重要的贡献，直至 50 年代光散射的实验与理论基本完成[1]。

5.1 瑞利散射

在气体或液体中悬浮的微粒造成的光散射称为瑞利(Rayleigh)散射。当一束光线入射到物体时，入射光的电磁场会诱导物体中的粒子、分子的偶极振动，振动的偶极成为二次光源，产生电磁辐射，其波长与入射光相同，这就是产生瑞利散射的来源。理想气体中分子无规分布，各分子发出的散射光互不相干，散射光强度等于各分子散射光强度之和。如果是理想晶体，粒子固定在完整的晶格点上，由于各粒子的散射光之间特定的相位差会导致相消干涉，没有散射光出现，这时理想晶体是透明的。入射光波长比粒子间距离大得多的时候就是这种情况，如可见光照到水晶上。如果入射波长与粒子间距离在同一数量级，则可以观察到散射光，例如 X 射线散射。X射线衍射就是符合布拉格(Bragg)定律的X射线散射光之间发生了相长干涉造成的。液体或溶液的散射主要源于涨落导致的光学非均匀性，这种涨落起源于分子布朗运动造成的局部密度和浓度的涨落。由于干涉的原因，散射光强度依赖于散射粒子的分布。

从最简单的各向同性的微粒的光散射开始，设单个各向同性微粒悬浮在折光指数为 $\tilde{n}$ 的均匀介质中，入射光是平面偏振光，在微粒处的电场为 $\boldsymbol{E}^{\mathrm{o}}$

$$\boldsymbol{E}^{\mathrm{o}}=\boldsymbol{E}_0^{\mathrm{o}}\exp(\mathrm{i}\omega t) \tag{5.1}$$

式中，E_0°为振幅，ω为角频率，t 是时间。电场 E° 使粒子产生的振荡偶极为 p

$$p = \alpha E^{\circ} = p_0 \exp(\mathrm{i}\omega t) \tag{5.2}$$

其中 $p_0=\alpha E_0^{\circ}$，α是粒子的极化率，因为假设微粒是各向同性的，α为标量。这里的电场 E° 及 E_0°、偶极 p 都是矢量。由麦克斯韦电磁方程可知，在距离这个振荡偶极 r 处的散射电磁波的电场 E 和磁场 H 分别为

$$E = -\left(\frac{\omega}{\tilde{c}}\right)^2 \frac{r \times (r \times \{p\})}{r^3} \tag{5.3}$$

$$H = \tilde{n}\left(\frac{\omega}{\tilde{c}}\right)^2 \frac{r \times \{p\}}{r^2} \tag{5.4}$$

式中，$\tilde{c}$ 是真空中的光速；花括号的$\{p\}$表示 p 是时间延迟至$(t-r/\tilde{c}')$时的 p 值。$\tilde{c}'=\tilde{c}/\tilde{n}$，是在介质中的光速。式(5.3)和式(5.4)给出了散射光在 r 处的电磁场。将坐标原点设在散射粒子的位置，入射光沿 z 轴传输，E° 与 x 轴平行(图 5.1)。E 则位于矢量 r 和 x 轴所决定的平面内且垂直于 r，H 则垂直于 E 和 r。E 和 H 的振幅(实部)分别为

$$E = p_0 \left(\frac{\omega}{\tilde{c}}\right)^2 \frac{\sin\theta_x}{r} \cos\left[\omega\left(t - \frac{r}{\tilde{c}'}\right)\right], \quad H = \tilde{n}E \tag{5.5}$$

式中，θ_x是矢量 r 与 x 轴的夹角。

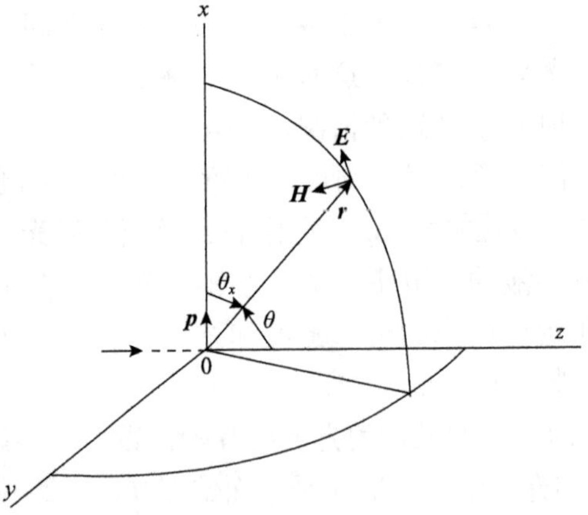

图 5.1　振荡偶极 p 的散射光的电场 E 和磁场 H 的方向

如果入射光是自然光(非偏振光)，$\boldsymbol{E}^{\mathrm{o}}$ 可分解为 x 和 y 两个方向的分量

$$E_x^{\mathrm{o}} = E_{0x}^{\mathrm{o}} \exp\left[\mathrm{i}\left(\omega t + \delta_x\right)\right], \quad E_y^{\mathrm{o}} = E_{0y}^{\mathrm{o}} \exp\left[\mathrm{i}\left(\omega t + \delta_y\right)\right] \tag{5.6}$$

入射光的振幅和相位差δ_x 和δ_y 随时间变化，但平均值 $E_{0x}^0 = E_{0y}^0 \equiv E_0^0$。在 x 轴和 y 轴方向产生的诱导偶极 $\boldsymbol{p}_x$ 和 $\boldsymbol{p}_y$ 为

$$\boldsymbol{p}_x = \boldsymbol{e}_x p_0 \exp\left[\mathrm{i}\left(\omega t + \delta_x\right)\right], \quad \boldsymbol{p}_y = \boldsymbol{e}_y p_0 \exp\left[\mathrm{i}\left(\omega t + \delta_y\right)\right] \tag{5.7}$$

式中，$\boldsymbol{e}_x$ 和 $\boldsymbol{e}_y$ 是单位矢量。如果 $\boldsymbol{p}_x$ 对 $\boldsymbol{r}$ 处电场、磁场的贡献分别是 $\boldsymbol{E}_1$ 和 $\boldsymbol{H}_1$，$\boldsymbol{p}_y$ 对 $\boldsymbol{r}$ 处电场、磁场的贡献分别是 $\boldsymbol{E}_2$ 和 $\boldsymbol{H}_2$，那么 $\boldsymbol{r}$ 处的电场和磁场为

$$\boldsymbol{E} = \boldsymbol{E}_1 + \boldsymbol{E}_2, \quad \boldsymbol{H} = \boldsymbol{H}_1 + \boldsymbol{H}_2 \tag{5.8}$$

$\boldsymbol{E}_1$ 和 $\boldsymbol{H}_1$ 分别由式(5.3)和式(5.4)计算，这时用$\{\boldsymbol{p}_x\}$代替$\{\boldsymbol{p}\}$。同理，$\boldsymbol{E}_2$ 和 $\boldsymbol{H}_2$ 也分别由式(5.3)和式(5.4)计算，用$\{\boldsymbol{p}_y\}$代替$\{\boldsymbol{p}\}$。它们的振幅仍由式(5.5)计算。对 $\boldsymbol{E}_1$ 和 $\boldsymbol{H}_1$，cos 中包含相位差δ_x；对 $\boldsymbol{E}_2$ 和 $\boldsymbol{H}_2$，要将式中的δ_x和θ_x换成δ_y和θ_y，θ_y是 $\boldsymbol{r}$ 与 y 轴的夹角。需要指出的是，$\boldsymbol{E}_i$和 $\boldsymbol{H}_i$、$\boldsymbol{E}$ 和 $\boldsymbol{H}$ 是互相垂直的，但是 $\boldsymbol{E}_1$ 和 $\boldsymbol{E}_2$、$\boldsymbol{H}_1$ 和 $\boldsymbol{H}_2$ 之间不一定互相垂直。

电磁波强度的定义为单位时间通过垂直于电磁波前进方向的单位面积的经时间平均的能量。单位时间流过无限小面积 dA 的能量为 $\boldsymbol{S}\cdot \mathrm{d}A$，$\boldsymbol{S}$ 是由下式定义的坡印亭(Poynting)矢量。

$$\boldsymbol{S} = \frac{\tilde{c}}{4\pi}\left(\boldsymbol{E} \times \boldsymbol{H}\right) \tag{5.9}$$

于是，强度等于 $\overline{S}$，上划线表示时间平均。将式(5.5)代入，用 I 表示强度

$$\overline{S} = \frac{\tilde{n}\tilde{c}}{4\pi}\overline{E^2} \equiv \frac{\tilde{n}\tilde{c}}{8\pi} I \tag{5.10}$$

$$I = 2\overline{E^2} = 2\left(\overline{E_x^2} + \overline{E_y^2}\right) \tag{5.11}$$

E_x 和 E_y 是 $\boldsymbol{E}$ 的 x 和 y 分量，将 cos 项代入，因为 $\overline{\cos^2(\omega t + \delta)} = 1/2$，

$$I = E_{0x}^2 + E_{0y}^2 = \left|E_x\right|^2 + \left|E_y\right|^2 \tag{5.12}$$

式中的 $E_{0x}=|E_x|$和 $E_{0y}=|E_y|$分别是 E_x 和 E_y 的振幅。把 $\boldsymbol{E}$ 写成复数形式时，第二个等式更方便。$I_x=E_{0x}{}^2$ 和 $I_y=E_{0y}{}^2$ 分别是入射光在 x 坐标方向和 y 坐标方向的强度。

当入射光是在 x 方向的平面偏光时，由式(5.5)和式(5.12)得到散射光强度为

$$I = p_0^2\left(\frac{\omega}{\tilde{c}}\right)^4\frac{\sin^2\theta_x}{r^2} \tag{5.13}$$

入射光强度 $I^{\text{o}}=(E_0{}^{\text{o}})^2=p_0{}^2/\alpha^2$，$\omega/\tilde{c}=2\pi/\lambda$，$\lambda$为入射光和散射光在真空中的波长(这里只讨论弹性散射，故入射光与散射光的波长相等)，所以

$$\frac{I}{I^{\text{o}}}=\frac{16\pi^4\alpha^2}{\lambda^4r^2}\sin^2\theta_x \tag{5.14}$$

散射光也是平面偏光时，如果 $\boldsymbol{r}$ 位于 yz 平面上，则 $\sin\theta_x=1$，得到振动方向在 x 轴方向的散射光强度，振动方向垂直于这个方向的强度为零。

当入射光不是偏振光时，由式(5.8)和式(5.11)得到散射光的强度

$$I=2\overline{(\boldsymbol{E}_1+\boldsymbol{E}_2)^2}=2\left(\overline{E_1^2}+\overline{E_2^2}+2\overline{\boldsymbol{E}_1\cdot\boldsymbol{E}_2}\right) \tag{5.15}$$

因为 $\boldsymbol{E}_1$ 与 $\boldsymbol{E}_2$ 不相关，所以 $\boldsymbol{E}_1\cdot\boldsymbol{E}_2$ 的平均等于 0；$\overline{E_i^2}=\dfrac{1}{2}E_{0i}^2$。于是得到

$$\begin{aligned}I&=E_{01}^2+E_{02}^2\\&=p_0^2\left(\frac{\omega}{\tilde{c}}\right)^4\frac{\sin^2\theta_x+\sin^2\theta_y}{r^2}=p_0^2\left(\frac{\omega}{\tilde{c}}\right)^4\frac{1+\cos^2\theta}{r^2}\end{aligned} \tag{5.16}$$

式中，θ是 $\boldsymbol{r}$ 与 z 轴方向的夹角，也就是散射线与入射线间的夹角。这时，入射光的强度 $I^{\text{o}}=(E_{0x}^{\text{o}})^2+(E_{0y}^{\text{o}})^2=2(E_0^{\text{o}})^2=2p_0{}^2/\alpha^2$，于是

$$\frac{I}{I^{\text{o}}}=\frac{8\pi^4\alpha^2}{\lambda^4r^2}\left(1+\cos^2\theta\right) \tag{5.17}$$

作为特例，$\boldsymbol{r}$ 位于 yz 平面，则 $\boldsymbol{E}_1$ 与 $\boldsymbol{E}_2$ 互相垂直且 $\boldsymbol{E}_1$ 平行于 x 轴方向，$(1+\cos^2\theta)$ 项中的 1 对应于 $\boldsymbol{E}_1$ 的强度，而 $\cos^2\theta$ 对应于 $\boldsymbol{E}_2$ 的强度。

以下仅讨论入射光是非偏光的情况。当入射光是偏振光时，用 $2\sin^2\theta$代替$(1+\cos^2\theta)$，就可以由非偏振入射光的式(5.17)得到偏振入射光的式(5.14)。体积为 V、含有 N个互相独立的散射粒子的体系，总的散射强度是

$$\frac{I}{I^{\circ}}=\frac{8\pi^4\alpha^2N}{\lambda^4r^2}\left(1+\cos^2\theta\right) \tag{5.18}$$

定义瑞利比 R_θ为

$$R_\theta=\frac{r^2I}{VI^{\circ}\left(1+\cos^2\theta\right)} \tag{5.19}$$

由这些物理量可见，R_θ是可以由实验测定的。设溶质的数密度$\rho=N/V$，代入式(5.18)，得到瑞利比 R_θ为

$$R_\theta=\frac{8\pi^4\alpha^2}{\lambda^4}\rho \tag{5.20}$$

于是，R_θ值就取决于α。以上是单纯体系的光散射强度，对于溶液，式(5.20)中的 R_θ表示超过纯溶剂光散射强度的过量(excess)散射强度，ρ是溶质数密度，α是过量极化率。若溶液和溶剂的介电常数分别为ε和ε_0，则$\varepsilon-\varepsilon_0=4\pi\rho\alpha$。对稀溶液有

$$\alpha=\frac{1}{4\pi}\left(\frac{\partial\varepsilon}{\partial\rho}\right)_0=\frac{M}{2\pi N_{\rm A}}\tilde{n}_0\left(\frac{\partial\tilde{n}}{\partial c}\right)_0 \tag{5.21}$$

第二个等号利用了关系式$\varepsilon=\tilde{n}^2$和$\rho=N_{\rm A}c/M$，$\tilde{n}$是溶液的折光指数，$N_{\rm A}$是阿伏伽德罗(Avogadro)常数，M是溶质分子量(粒子质量)，c是质量浓度。将式(5.21)代入式(5.20)得到

$$R_\theta=KMc \tag{5.22}$$

其中 K是由实验条件决定的光学常数，

$$K=\frac{2\pi^2\tilde{n}_0^2}{N_{\rm A}\lambda^4}\left(\frac{\partial\tilde{n}}{\partial c}\right)_0^2 \tag{5.23}$$

于是，光散射实验测定了入射光强度 I^0及溶液的过量散射光强度 I(减

去了溶剂的散射光强度)，再利用已知瑞利比和折光指数的溶剂测定了仪器常数 r^2/V，得到光学常数 K，由式(5.22)就可以得到溶质的分子量 M 了。

5.2 热力学涨落

1. 基础理论

多组分稀溶液的散射光来源于溶液的密度涨落和组成涨落。在液体或溶液中取比入射光波长尺度小得多的微小体积 V，但要保证其中所包含的分子数具有统计意义(此处的 V 不是整个散射体系的体积)。该微小体积中分子数量的涨落导致介电常数ε在平均值$\langle\varepsilon\rangle$附近涨落，在任一时刻散射体积中任一特定的微小体积都可以看成是在介电常数为$\langle\varepsilon\rangle$的均匀介质中的、过量介电常数为$\Delta\varepsilon=\varepsilon-\langle\varepsilon\rangle$的一个微粒($N$=1，$\rho=1/V$)。于是，该区域瞬间的过量极化率$\Delta\alpha=\alpha-\langle\alpha\rangle$为

$$\Delta\alpha=\frac{V}{4\pi}\Delta\varepsilon=\frac{V}{4\pi}\left(\tilde{n}^2-\langle\tilde{n}\rangle^2\right)=\frac{V}{4\pi}\left(\tilde{n}+\langle\tilde{n}\rangle\right)\left(\tilde{n}-\langle\tilde{n}\rangle\right)=\frac{V}{2\pi}\tilde{n}\Delta\tilde{n} \tag{5.24}$$

由于涨落引起的不均匀性在整个体系中是无规分布的，总的散射光强度为各个区域散射光强度之和。将α^2改为系综平均$\overline{\langle\Delta\alpha\rangle^2}$，将式(5.24)和$\rho=1/V$代入瑞利比的式(5.20)中，得到瑞利比的基本公式为

$$R_\theta^*=\frac{2\pi^2\tilde{n}^2V}{\lambda^4}\left\langle(\Delta\tilde{n})^2\right\rangle \tag{5.25}$$

星号表示 R_θ^*包括了纯溶剂的散射的贡献。式(5.25)没有考虑分子内的干涉，严格地说只适用于$\theta\to0$，可用于计算分子间的热力学相互作用。要计算 R_θ^*，必须先得到$\left\langle(\Delta\tilde{n})^2\right\rangle$，热力学涨落理论就是要给出多组分体系中密度涨落和组成涨落导致的$\tilde{n}$涨落。

这里采用 Stockmayer 的混合系综(hybrid ensemble)方法[2]，描述在一定的温度 T、压力 p 下，体积为 V、组分 0 的分子数为 N_0 的体系。体系的能量 E、体积 V、其他 r 个组分 1, 2,…,r 的分子数 $N_1, N_2,\cdots,N_r$ 都在平均值$\langle E\rangle$、$\langle V\rangle$、$\langle N_1\rangle$、$\langle N_2\rangle$、…、$\langle N_r\rangle$附近涨落，独立的热力学变量是 T、p、N_0 以及化学位μ_1、μ_2、…、μ_r。为了简便，用符号 $\boldsymbol{N}=N_0, N_1, N_2,\cdots, N_r$，$\boldsymbol{N}'=N_1$,

$N_2,\cdots,N_r$，$\boldsymbol{\mu}'=\mu_1,\mu_2,\cdots,\mu_r$ 表示，上述这个混合系综的配分函数 $\Gamma=(T,p,N_0,\boldsymbol{\mu}')$ 为

$$\Gamma(T,p,N_0,\boldsymbol{\mu}')=\sum_V\sum_{N'>0}\mathrm{e}^{-pV/kT}\mathrm{e}^{\boldsymbol{N}'\boldsymbol{\mu}'/kT}Q(T,V,\boldsymbol{N}) \tag{5.26}$$

Q 是正则系综的配分函数；$A=-kT\ln Q$，是 T、p、$\boldsymbol{N}$ 正则系综的亥姆霍兹自由能。当 T、p、N_0、$\boldsymbol{\mu}'$ 为自变量时，Γ 也可与热力学函数 $N_0\mu_0$ 关联起来：$\Gamma(T,p,N_0,\boldsymbol{\mu}')=\mathrm{e}^{-N_0\mu_0/kT}$。

当 T、p、N_0、$\boldsymbol{\mu}'$ 给定时，体系确切为体积 V 和 $\boldsymbol{N}'$ 的概率 $P(V,\boldsymbol{N}';T,p,N_0,\boldsymbol{\mu}')$ 为

$$P(V,\boldsymbol{N}')=\Gamma^{-1}\exp\left[\left(-pV+\sum_{i=1}^{r}N_i\mu_i-A\right)\Big/kT\right] \tag{5.27}$$

我们来推导涨落分布函数。除了在临界点附近之外，涨落都很小，平均值是最可几值，可用高斯(Gauss)分布描述。因此，可以将 $\ln P(V,\boldsymbol{N}')$ 围绕平均值 $\langle V\rangle$、$\langle N_1\rangle$、…、$\langle N_r\rangle$ 展开，忽略二次以上的高次项，得到

$$P(V,\boldsymbol{N}')=C\exp(-\varphi/kT) \tag{5.28}$$

$$\begin{aligned}\varphi=&\frac{1}{2}\left(\frac{\partial^2A}{\partial V^2}\right)_{T,\boldsymbol{N}}(\Delta V)^2+\sum_{i=1}^{r}\left(\frac{\partial^2A}{\partial V\partial N_i}\right)_{T,V,N_k}\Delta V\Delta N_i\\&+\frac{1}{2}\sum_{i=1}^{r}\sum_{j=1}^{r}\left(\frac{\partial^2A}{\partial N_i\partial N_j}\right)_{T,V,N_k}\Delta N_i\Delta N_j\end{aligned} \tag{5.29}$$

C 是归一化常数，$\Delta V=V-\langle V\rangle$，$\Delta N_i=N_i-\langle N_i\rangle$。因为平均值是最可几值，则 $\ln P$ 在 $\langle V\rangle$、$\langle N_1\rangle$、…、$\langle N_r\rangle$ 处是最大值，一阶导数为零，所以线性项全消掉了。式中的导数取 $\langle V\rangle$、$\langle N_1\rangle$、…、$\langle N_r\rangle$ 处的值。

根据热力学式(1.71)和式(1.36)，并利用 $\left(\frac{\partial y}{\partial x}\right)_z=-\frac{(\partial z/\partial x)_y}{(\partial z/\partial y)_x}$，

$$\left(\frac{\partial^2A}{\partial V^2}\right)_{T,\boldsymbol{N}}=-\left(\frac{\partial p}{\partial V}\right)_{T,\boldsymbol{N}}=\frac{1}{\kappa\langle V\rangle} \tag{5.30}$$

$$\left(\frac{\partial^2 A}{\partial V \partial N_i}\right)_{T,V,N_k} = -\left(\frac{\partial p}{\partial N_i}\right)_{T,V,N_k} = \frac{(\partial V/\partial N_i)_{T,p,N_k}}{(\partial V/\partial p)_{T,\boldsymbol{N}}} = -\frac{V_i}{\kappa\langle V\rangle} \tag{5.31}$$

式中，V_i是 i 组分的偏摩尔体积，κ 是等温压缩系数。

如果有 $z=f_1(x, y)$ 和 $u=f_2(x, y)$，则 $\left(\frac{\partial z}{\partial x}\right)_u = \left(\frac{\partial z}{\partial x}\right)_y + \left(\frac{\partial z}{\partial y}\right)_x \left(\frac{\partial y}{\partial x}\right)_u$，所以

$$\begin{aligned}\left(\frac{\partial^2 A}{\partial N_i \partial N_j}\right)_{T,V,N_k} &= \left(\frac{\partial \mu_i}{\partial N_j}\right)_{T,V,N_k} = \left(\frac{\partial \mu_j}{\partial N_i}\right)_{T,V,N_k} \\ &= \left(\frac{\partial \mu_i}{\partial p}\right)_{T,\boldsymbol{N}} \left(\frac{\partial p}{\partial N_j}\right)_{T,V,N_k} + \left(\frac{\partial \mu_i}{\partial N_j}\right)_{T,p,N_k}\end{aligned}$$

由式(5.31)得到$\left(\partial p/\partial N_j\right)_{T,V,N_k}$，由 1.7 节 1.可知$\left(\partial \mu_i/\partial p\right)_{T,\boldsymbol{N}} = V_i$，导入组分 i 的浓度 $m_i=M_iN_i/M_0N_0$，上式可以写成

$$\left(\frac{\partial^2 A}{\partial N_i \partial N_j}\right)_{T,V,N_k} = \frac{V_i V_j}{\kappa\langle V\rangle} + \frac{M_j}{M_0 N_0}\left(\frac{\partial \mu_i}{\partial m_j}\right)_{T,p,m_k} \tag{5.32}$$

可见，组成涨落不能简单地用常用的质量浓度(g/L)表示，必须相对于某个为基准的组分(此处是组分 0)。引入相对变量(reduced variable)

$$\xi = -\frac{\Delta V}{\langle V\rangle} + \sum_{i=1}^{r} \frac{V_i \Delta N_i}{\langle V\rangle} \tag{5.33}$$

$$x_i = \frac{\Delta N_i}{\langle N_i\rangle} = \frac{\Delta m_i}{\langle m_i\rangle} \quad (i=1,2,\cdots,r) \tag{5.34}$$

将式(5.30)、式(5.31)、式(5.32)代入式(5.29)，为了简单，以 V 和 m_j 代替平均值 $\langle V\rangle$ 和 $\langle m_j\rangle$，且 $\Delta V = \left(\frac{\partial V}{\partial p}\right)_{T,\boldsymbol{N}} \Delta p + \sum_i \left(\frac{\partial V}{\partial N_i}\right)_{T,p,N_j} \Delta N_i = -\kappa V \Delta p + \sum_i V_i \Delta N_i$，得 $\kappa V \Delta p = -\Delta V + \sum_i V_i \Delta N_i$，由式(5.33)有$\xi=\kappa\Delta p$，$\Delta p$ 是体系在 T 和 N_0 为常数时压力 p 随ΔV、ΔN_1、…、ΔN_r的变化。所以

$$\varphi=\frac{V}{2\kappa}\xi^2+\frac{M_0N_0}{2}\sum_{i=1}^{r}\sum_{j=1}^{r}\frac{m_im_j}{M_i}\left(\frac{\partial\mu_i}{\partial m_j}\right)_{T,p,m_k}x_ix_j \tag{5.35}$$

根据式(5.33)和式(5.34)，将变量 V、N_1、…、N_r 或 ΔV、ΔN_1、…、ΔN_r 改用 ξ、x_1、…、x_r 表示，则涨落分布函数(5.28)成为

$$P(\xi,x_1,\cdots,x_r)=C\exp\left(-\frac{V}{2\kappa kT}\xi^2-\frac{M_0N_0}{2}\sum_{i=1}^{r}\sum_{j=1}^{r}\psi_{ij}x_ix_j\right) \tag{5.36}$$

其中

$$\psi_{ij}=\frac{m_im_j}{M_ikT}\left(\frac{\partial\mu_i}{\partial m_j}\right)_{T,p,m_k}=\psi_{ji} \tag{5.37}$$

根据式(5.36)，$p(\xi,x_i)\to 0$ 可得到 $\langle\xi x_i\rangle=0$。

为了计算平均值 $\langle\xi^2\rangle$ 和 $\langle x_ix_j\rangle$，必须先得到归一化常数 C。为此，利用正交矩阵 $\underset{\sim}{Q}$ (即 $\underset{\sim}{Q}\underset{\sim}{Q}^{\mathrm{T}}=\underset{\sim}{E}$，$\underset{\sim}{Q}^{-1}=\underset{\sim}{Q}^{\mathrm{T}}$)将右边括号中第二项的坐标系 x_1、…、x_r 转换成坐标系 ξ_1、…、ξ_r，即 $\underset{\sim}{x}=\underset{\sim}{Q}\underset{\sim}{\xi}$，而 $\underset{\sim}{Q}^{-1}\underset{\sim}{\psi}\underset{\sim}{Q}=\underset{\sim}{\Lambda}$，其中 $\underset{\sim}{\psi}$ 是元素为 ψ_{ij} 的 $r\times r$ 对称矩阵，是对角矩阵，$|\underset{\sim}{\psi}|=|\underset{\sim}{\Lambda}|$。于是，$\underset{\sim}{x}^{\mathrm{T}}\underset{\sim}{\psi}\underset{\sim}{x}=\left(\underset{\sim}{Q}\underset{\sim}{\xi}\right)^{\mathrm{T}}\underset{\sim}{\psi}\left(\underset{\sim}{Q}\underset{\sim}{\xi}\right)=\underset{\sim}{\xi}^{\mathrm{T}}\left(\underset{\sim}{Q}^{\mathrm{T}}\underset{\sim}{\psi}\underset{\sim}{Q}\right)\underset{\sim}{\xi}=\underset{\sim}{\xi}^{\mathrm{T}}\underset{\sim}{\Lambda}\underset{\sim}{\xi}$，式(5.36)可以写成

$$P=C\exp\left(-\frac{V}{2\kappa kT}\xi^2-\frac{M_0N_0}{2}\sum_{i=1}^{r}\lambda_i\xi_i^2\right) \tag{5.38}$$

式中，λ_i 是 $\underset{\sim}{\Lambda}$ 的对角元素。P 对 ξ、ξ_1、…、ξ_r 由 $-\infty$ 至 $+\infty$ 的积分必须等于 1，利用 $\int_{-\infty}^{\infty}\exp\left(-a^2x^2\right)\mathrm{d}x=\sqrt{\pi}/a$，得到

$$C=\left[\frac{V\left(M_0N_0/2\right)^r\left|\underset{\sim}{\psi}\right|}{2\pi^{r+1}\kappa kT}\right]^{1/2} \tag{5.39}$$

其中 $|\underset{\sim}{\psi}|$ 是矩阵 $\underset{\sim}{\psi}$ 的行列式。由式(5.38)和式(5.39)得 $\langle\xi^2\rangle=\dfrac{\kappa kT}{V}$，$\langle\xi_i^{\,2}\rangle=\dfrac{1}{M_0N_0\lambda_i}$ 和 $\langle\xi_i\xi_j\rangle=0$。而 $x_ix_j=\sum_k\sum_l Q_{ik}Q_{jl}\xi_k\xi_l$，$Q_{ij}$ 是 $\underset{\sim}{Q}$ 的元素。于是，

$$\left\langle x_i x_j \right\rangle = \sum_k Q_{ik} Q_{jk} \left\langle \xi_k^2 \right\rangle = \frac{1}{M_0 N_0} \sum_k \frac{Q_{ik} Q_{jk}}{\lambda_k} \tag{5.40}$$

上式中的和可以写成

$$\sum_k \frac{Q_{ik} Q_{jk}}{\lambda_k} = \left(\underset{\sim}{Q} \underset{\sim}{\Lambda}^{-1} \underset{\sim}{Q}^{\mathrm{T}} \right)_{ij} = \left(\psi^{-1} \right)_{ij} = \psi^{ij} \left| \underset{\sim}{\psi} \right|^{-1} \tag{5.41}$$

ψ^{ij} 为矩阵 $\underset{\sim}{\psi}$ 元素 ψ_{ij} 的余子式(cofactor)。所以得到

$$\left\langle x_i x_j \right\rangle = \frac{\psi^{ij}}{M_0 N_0 \left| \underset{\sim}{\psi} \right|} \tag{5.42}$$

现在来考虑 $\left\langle \xi^2 \right\rangle$ 的物理意义，对于混合系综，N_0 是不变的，当组成一定时，对 i=1,…, r 有 ΔN_i=0，则式(5.33)成为

$$\xi = -\frac{\Delta V}{\langle V \rangle} \tag{5.43}$$

因为 $\rho = \langle N \rangle / V = \sum_{i=0}^{r} N_i / V = N/V$ 和 $-\Delta V/V = \Delta\rho/\rho$，上式可以写成

$$\left\langle \xi^2 \right\rangle = \left\langle (\Delta\rho)^2 \right\rangle \Big/ \langle \rho \rangle^2 \tag{5.44}$$

所以，$\left\langle \xi^2 \right\rangle$ 表示在组成一定条件下的密度涨落。上面得到的 $\left\langle \xi^2 \right\rangle = \kappa kT/V$ 为单组分体系的密度涨落。由式(5.34)可知 $\left\langle x_i x_j \right\rangle$ 描述的是组成涨落或浓度涨落。

于是，式(5.25)中的混合系综的折光指数 $\tilde{n}$ 的涨落可以用 $\left\langle \xi^2 \right\rangle$ 和 $\left\langle x_i x_j \right\rangle$ 来表示，

$$\Delta\tilde{n} = \left(\frac{\partial \tilde{n}}{\partial V} \right)_{T,\boldsymbol{N}} \Delta V + \sum_{i=1}^{r} \left(\frac{\partial \tilde{n}}{\partial N_i} \right)_{T,V,N_k} \Delta N_i \tag{5.45}$$

当 T、p、$\boldsymbol{N}$ 都是独立的状态变量时，$\mathrm{d}\tilde{n} = \left(\frac{\partial \tilde{n}}{\partial p} \right)_{T,\boldsymbol{m}} \mathrm{d}p + \left(\frac{\partial \tilde{n}}{\partial T} \right)_{p,\boldsymbol{m}} \mathrm{d}T + \sum_{i=0}^{r} \left(\frac{\partial \tilde{n}}{\partial N_i} \right)_{T,p,N_k} \mathrm{d}N_i$，所以，由式(1.36)及上面的全微分得到

$$\left(\frac{\partial \tilde{n}}{\partial V}\right)_{T,\boldsymbol{N}} = \left(\frac{\partial \tilde{n}}{\partial p}\right)_{T,\boldsymbol{m}} \left(\frac{\partial p}{\partial V}\right)_{T,\boldsymbol{N}} = -\frac{1}{\kappa V}\left(\frac{\partial \tilde{n}}{\partial p}\right)_{T,\boldsymbol{m}} \tag{5.46}$$

$$\begin{aligned}\left(\frac{\partial \tilde{n}}{\partial N_i}\right)_{T,V,N_k} &= \left(\frac{\partial \tilde{n}}{\partial p}\right)_{T,\boldsymbol{m}} \left(\frac{\partial p}{\partial N_i}\right)_{T,V,N_k} + \left(\frac{\partial \tilde{n}}{\partial N_i}\right)_{T,p,N_k} \\ &= \frac{V_i}{\kappa V}\left(\frac{\partial \tilde{n}}{\partial p}\right)_{T,\boldsymbol{m}} + \frac{M_i}{M_0 N_0}\left(\frac{\partial \tilde{n}}{\partial m_i}\right)_{T,p,m_k}\end{aligned} \tag{5.47}$$

为了简洁，式中已用 V 代替了 $\langle V\rangle$。代入相对量 ξ 和 x_i，则由上面式(5.45)～式(5.47)得到

$$\begin{aligned}\Delta\tilde{n} &= -\frac{\Delta V}{\kappa V}\left(\frac{\partial \tilde{n}}{\partial p}\right)_{T,\boldsymbol{m}} + \frac{1}{\kappa V}\left(\frac{\partial \tilde{n}}{\partial p}\right)_{T,\boldsymbol{m}} \sum_{i=1}^{r} V_i \Delta N_i + \frac{1}{M_0 N_0}\sum_{i=1}^{r} M_i \left(\frac{\partial \tilde{n}}{\partial m_i}\right)_{T,p,m_k} \Delta N_i \\ &= \frac{1}{\kappa}\left(\frac{\partial \tilde{n}}{\partial p}\right)_{T,\boldsymbol{m}} \xi + \sum_{i=1}^{r} m_i \left(\frac{\partial \tilde{n}}{\partial m_i}\right)_{T,p,m_k} x_i\end{aligned}$$

结合 $\langle \xi x_i\rangle=0$、$\langle \xi^2\rangle = \dfrac{\kappa kT}{V}$ 及式(5.42)，得到

$$\begin{aligned}\left\langle (\Delta n)^2 \right\rangle &= \frac{1}{\kappa^2}\left(\frac{\partial \tilde{n}}{\partial p}\right)_{T,\boldsymbol{m}}^2 \left\langle \xi^2 \right\rangle + \sum_i \sum_j m_i m_j \left\langle x_i x_j \right\rangle \left(\frac{\partial \tilde{n}}{\partial m_i}\right)_{T,p,m_k} \left(\frac{\partial \tilde{n}}{\partial m_j}\right)_{T,p,m_k} \\ &= \frac{kT}{\kappa V}\left(\frac{\partial \tilde{n}}{\partial p}\right)_{T,\boldsymbol{m}}^2 + \frac{1}{M_0 N_0}\sum_i \sum_j m_i m_j \left(\frac{\partial \tilde{n}}{\partial m_i}\right)_{T,p,m_k} \left(\frac{\partial \tilde{n}}{\partial m_j}\right)_{T,p,m_k} \frac{\psi^{ij}}{|\underset{\sim}{\psi}|}\end{aligned} \tag{5.48}$$

代入式(5.25)得到瑞利比为

$$R_\theta^* = R_{\theta,0} + R_\theta \tag{5.49}$$

其中

$$R_{\theta,0} = \frac{2\pi^2 \tilde{n}^2 kT}{\lambda^4 \kappa}\left(\frac{\partial \tilde{n}}{\partial p}\right)_{T,\boldsymbol{m}}^2 \tag{5.50}$$

$$R_\theta = \frac{2\pi^2 \tilde{n}^2}{N_{\mathrm{A}} \lambda^4 c_0}\sum_{i=1}^{r}\sum_{j=1}^{r} m_i m_j \left(\frac{\partial \tilde{n}}{\partial m_i}\right)_{T,p,m_k} \left(\frac{\partial \tilde{n}}{\partial m_j}\right)_{T,p,m_k} \frac{\psi^{ij}}{|\underset{\sim}{\psi}|} \tag{5.51}$$

$c_0=M_0N_0/N_AV$，是组分 0 的浓度，单位为 g/mL。$R_{\theta,0}$ 是密度涨落引起的散射，而 R_θ是浓度涨落引起的过量散射。

溶质组分 i 的化学位以 m_i 为浓度变量可以写成

$$\mu_i=\mu_i^0(T,p)+kT\ \ln\gamma_i m_i\quad(i=1,\cdots,r)\tag{5.52}$$

γ_i 是活度系数，当 m_1、…、$m_r\to0$ 时，$\gamma_i\to1$。稀溶液时展开为

$$\ln\gamma_i=M_i\left(\sum_{j=1}^{r}B_{2,ij}m_j+\sum_{j=1}^{r}\sum_{k=1}^{r}B_{3,ijk}m_jm_k+\cdots\right)\tag{5.53}$$

如果已知组分 i 的化学位式(5.52)，代入式(5.37)计算 ψ_{ij}，再代入式(5.51)，即可计算得到光散射的 R_θ。

2. 二组分体系

对于 0 组分为溶剂、1 组分为溶质的二组分体系，$\psi^{11}\left|\underset{\sim}{\psi}\right|^{-1}=\psi_{11}^{-1}$，代入式(5.51)直接得到

$$R_\theta=\frac{2\pi^2\tilde{n}^2M_1kT}{N_A\lambda^4c_0}\left(\frac{\partial\tilde{n}}{\partial m_1}\right)_{T,p}^2\Bigg/\left(\frac{\partial\mu_1}{\partial m_1}\right)_{T,p}\tag{5.54}$$

由吉布斯-杜安关系式(1.94)，有 $\left(\frac{\partial\mu_1}{\partial m_1}\right)_{T,p}=-\frac{N_0}{N_1}\left(\frac{\partial\mu_0}{\partial m_1}\right)_{T,p}$。采用以 g/mL 为溶质的浓度单位，有 $c=M_1N_1/N_AV=m_1M_0N_0/N_AV$，则 $\left(\frac{\partial}{\partial m_1}\right)_{T,p}=\frac{c_0V_0N_0}{V}\left(\frac{\partial}{\partial c}\right)_{T,p}$，式(5.54)变成

$$R_\theta=\frac{2\pi^2\tilde{n}^2RTV_0c}{N_A\lambda^4}\left(\frac{\partial\tilde{n}}{\partial c}\right)_{T,p}^2\Bigg/\left(\frac{\partial\mu_0}{\partial c}\right)_{T,p}\tag{5.55}$$

于是，

$$\frac{Kc}{R_\theta}=-\frac{1}{V_0RT}\left(\frac{\partial\mu_0}{\partial c}\right)_{T,p},\quad K\equiv\frac{2\pi^2\tilde{n}^2}{N_A\lambda^4}\left(\frac{\partial\tilde{n}}{\partial c}\right)_{T,p}^2\tag{5.56}$$

K 就是光学常数。利用化学位与渗透压关系 $\mu_0 - \mu_0{}^{\circ} = -V_0{}^{\circ}\pi$，得到

$$\left(\frac{\partial \mu_0}{\partial c}\right)_{T,p} = -V_0{}^{\circ}\frac{\partial \pi}{\partial c} = -V_0{}^{\circ}RT\left(\frac{1}{M} + 2A_2c + 3A_3c^2 + \cdots\right) \tag{5.57}$$

其中，M 是溶质的分子量，省略了下标 1；A_2、A_3 是溶液渗透压的第二、第三位力系数。对于稀溶液，$V_0 \approx V_0{}^{\circ}$、$\tilde{n} \approx \tilde{n}_0$，式(5.56)就成为

$$\frac{Kc}{R_\theta} = \frac{1}{M} + 2A_2c + 2A_3c^2 + \cdots \tag{5.58}$$

严格地说，由于各个散射点发出的散射光会发生干涉，只有当$\theta \to 0$ 时，式(5.58)才能成立。此时 Kc/R_θ对 c 作图，可以得到溶质的分子量 M 和溶液的第二位力系数 A_2。

3. 准二组分体系

高分子具有分子量的多分散性(此处不考虑组成和结构的多分散性)，所谓的准二组分体系就是由溶剂(0 组分)和分子量多分散的高分子组成的溶液。因为是同种高分子，折光指数增量与分子量无关，也就是 $\left(\frac{\partial \tilde{n}}{\partial m_i}\right)_{T,p,m_k} = \left(\frac{\partial \tilde{n}}{\partial m}\right)_{T,p}$，$m = \sum_{i=1}^{r} m_i$。因此，准二组分体系的公式是不能用于共聚物的。由式(5.37)和式(5.52)、式(5.53)得 $\psi_{ij} = \frac{m_i}{M_i} + B_{2,ij}m_im_j + \cdots$。将$\left|\underset{\sim}{\psi}\right|$展开，得

$$\left|\underset{\sim}{\psi}\right| = \left(\prod_{i=1}^{r}\psi_{ii}\right)\left(1 - \sum_{i<j}\frac{\psi_{ij}\psi_{ji}}{\psi_{ii}\psi_{jj}} + \cdots\right) \tag{5.59}$$

因为 $\psi^{ij} = \partial\left|\underset{\sim}{\psi}\right| / \partial\psi_{ij}$，$\frac{\partial \ln\left|\underset{\sim}{\psi}\right|}{\partial \psi_{ij}} = \frac{\psi^{ij}}{\left|\underset{\sim}{\psi}\right|} = \frac{1}{\psi_{ii}}\delta_{ij} - \left(\frac{\psi_{ji}}{\psi_{ii}\psi_{ij}}\right)_{i \neq j} + \cdots$，所以

$$\frac{\psi^{ij}}{\left|\underset{\sim}{\psi}\right|} = \frac{M_i}{m_i}\delta_{ij} - B_{2,ij}M_iM_j + \cdots \tag{5.60}$$

由式(5.51)得

$$\begin{aligned}R_\theta &= \frac{2\pi^2\tilde{n}^2}{N_A\lambda^4 c_0}\left(\frac{\partial\tilde{n}}{\partial m}\right)_{T,p}^2\left(\sum_{i=1}^{r}M_i m_i - \sum_{i=1}^{r}\sum_{j=1}^{r}B_{ij}M_iM_jm_im_j + \cdots\right)\\ &= \frac{2\pi^2\tilde{n}^2}{N_A\lambda^4 c_0}\left(\frac{\partial\tilde{n}}{\partial m}\right)_{T,p}^2\left(M_w m - \sum_{i=1}^{r}\sum_{j=1}^{r}B_{ij}M_iM_jw_iw_jm^2 + \cdots\right)\end{aligned} \tag{5.61}$$

其中，组分 i 的重量分数 $w_i=m_i/m$，重均分子量 $M_w = \sum_{i=1}^{r}M_iw_i$。

为了统一，将浓度由 m 转换为 c，设体积具有可加和性，溶质高分子的偏摩尔比容 $\bar{v} = v_i = N_AV_i/M_i$ 与分子量无关，$c_i=N_iM_i/N_AV$ 以及 $1-\bar{v}c = N_0V_0/V$，有

$$m = \frac{c}{c_0} = \frac{N_AV}{M_0N_0}c = \frac{N_AV_0}{M_0}\left(1 + \frac{\sum_{i=1}^{r}N_iV_i}{N_0V_0}\right)c = \frac{N_AV_0}{M_0}\frac{c}{1-\bar{v}c}$$

$$\left(\frac{\partial}{\partial m_1}\right)_{T,p} = \frac{c_0V_0N_0}{V}\left(\frac{\partial}{\partial c}\right)_{T,p}$$

溶剂偏摩尔比容 $(1-\bar{v}c)/c_0 = N_AV_0/M_0 (= \bar{v}_0)$，得到

$$\frac{R_\theta}{K} = M_wc - 2\sum_{i=1}^{r}\sum_{j=1}^{r}M_iM_j\left[\frac{\bar{v}_0}{2}B_{2,ij} + \frac{\bar{v}}{2}\left(\frac{1}{M_i}+\frac{1}{M_j}\right)\right]w_iw_jc^2 + \cdots \tag{5.62}$$

为了与渗透压的位力展开式比较，我们利用吉布斯-杜安关系将式(5.52)、式(5.53)表示的溶质化学位μ_i转变成溶剂化学位μ_0，

$$-\mathrm{d}\mu_0 = kTM_0\left(\sum_i\frac{\mathrm{d}m_i}{M_i} + \sum_i\sum_j B_{2,ij}m_i\mathrm{d}m_j + \cdots\right) \tag{5.63}$$

对 $m_1, m_2, \cdots$积分，利用近似 $V_0^{\circ}=V_0$，得到

$$\pi = -\frac{\mu_0 - \mu_0^{\circ}}{V_0^{\circ}} = \frac{RTM_0}{N_AV_0}\left(\frac{1}{M_n}m + \frac{1}{2}\sum_i\sum_j B_{2,ij}w_iw_jm^2 + \cdots\right) \tag{5.64}$$

$$\frac{\pi}{RT} = \frac{1}{M_n}c + \sum_i\sum_j\left[\frac{\bar{v}_0}{2}B_{2,ij} + \frac{\bar{v}}{2}\left(\frac{1}{M_i}+\frac{1}{M_j}\right)\right]w_iw_jc^2 + \cdots \tag{5.65}$$

渗透压的位力展开式为 $\dfrac{\pi}{RT}=\dfrac{1}{M_{\rm n}}c+\sum\limits_i\sum\limits_j A_{ij}w_iw_jc^2+\cdots$，所以 $A_{ij}=\dfrac{\overline{v}_0}{2}B_{2,ij}+\dfrac{\overline{v}}{2}\left(\dfrac{1}{M_i}+\dfrac{1}{M_j}\right)$。式(5.62)成为

$$\frac{Kc}{R_\theta}=\frac{1}{M_{\rm w}}+2A_2c+\cdots \tag{5.66}$$

比较得到光散射的第二位力系数

$$A_2=\frac{1}{{M_{\rm w}}^2}\sum_i\sum_j M_iM_jA_{ij}w_iw_j \tag{5.67}$$

对于准二组分溶液，渗透压的第二位力系数 A_2（$A_2=\sum\limits_i\sum\limits_j A_{ij}w_iw_j$）与光散射的第二位力系数 A_2[式(5.67)]是略有不同的；而对于单分散的二组分溶液两者是相同的，式(5.66)也就还原为式(5.58)。

4. 混合溶剂体系

因为某些高分子在一种溶剂中溶解度较低，有时需要将其溶于混合溶剂来测定散射光强度。这是由两种溶剂(组分 0 和 1)组成的混合溶剂，再与单分散的高分子(组分 2)混合组成的溶液体系，由式(5.51)得到其瑞利比为

$$R_\theta=\frac{2\pi^2\tilde{n}^2}{N_{\rm A}\lambda^4c_0\left|\underset{\sim}{\psi}\right|}\left[\left(\frac{\partial\tilde{n}}{\partial m_1}\right)^2_{T,p,m_2}m_1^2\psi_{22}-2\left(\frac{\partial\tilde{n}}{\partial m_1}\right)_{T,p,m_2}\left(\frac{\partial\tilde{n}}{\partial m_2}\right)_{T,p,m_1}m_1m_2\psi_{12}+\left(\frac{\partial\tilde{n}}{\partial m_2}\right)^2_{T,p,m_1}m_2^2\psi_{11}\right] \tag{5.68}$$

由式(5.37)和式(5.52)、式(5.53)得 ψ_{ij} 的展开式

$$\psi_{ij}=\frac{m_j}{M_i}\left(\delta_{ij}+M_iB_{2,ij}m_i+2M_i\sum_{k=1}^{2}B_{3,ijk}m_im_k+\cdots\right) \tag{5.69}$$

式中，$B_{3,ijk}$ 的下标 i、j、k 是可交换的。当 m_1 一定、m_2=0 的混合溶剂的散射瑞利比为 R_θ^0，所以三组分溶液对组成为 m_1 的混合溶剂的过量瑞利比为

$R'_\theta = R_\theta - R^0_\theta$。经过冗长的计算，得到

$$\frac{K_m m_2}{R'_\theta} = \frac{1}{M_{2,\mathrm{ap}}} + 2B_{2,\mathrm{ap}} m_2 + \cdots \tag{5.70}$$

式中，

$$K_m = \frac{2\pi^2 \tilde{n}^2}{N_\mathrm{A} \lambda^4 c_0} \left(\frac{\partial \tilde{n}}{\partial m_2} \right)^2 \tag{5.71}$$

$$M_{2,\mathrm{ap}} = M_2 \left(1 - 2\gamma_m M_1 B_{2,12} m_1 + \cdots \right) \tag{5.72}$$

$$B_{2,\mathrm{ap}} = \frac{1}{2} B_{2,22} + \left[\left(1 + 2\gamma_m M_1 M_2^{-1} \right) B_{3,122} - \frac{1}{2} M_1 B_{2,12}^2 + \gamma_m M_1 B_{2,12} B_{2,22} \right] m_1 + \cdots \tag{5.73}$$

$$\gamma_m = \left(\frac{\partial \tilde{n}}{\partial m_1} \right) \Big/ \left(\frac{\partial \tilde{n}}{\partial m_2} \right) \tag{5.74}$$

特别要指出的是，$M_{2,\mathrm{ap}}$ 是高分子的表观分子量，与混合溶剂的组成有关，只有当$\gamma_m=0$ 才能得到高分子真正的分子量 M_2。$B_{2,\mathrm{ap}}$ 是高分子在混合溶剂中的表观第二位力系数，也与混合溶剂的组成有关，凡是会改变溶液折光指数的成分都会影响结果。所以，不能简单地利用混合溶剂测定得到高分子的分子量和第二位力系数。从另一个角度看，溶剂的纯度对光散射结果会有很大的影响。

因为受高分子的溶解性限制，有时又不得不使用混合溶剂来测定光散射，为了得到真实的分子量，Casassa 和 Eisenberg 提出了等渗透压法[3]。假设有一溶剂 0 和 1 都能透过而溶质 2 不能透过的半透膜，将浓度为$(c_1,\ c_2)$或$(m_1,\ m_2)$的溶液与组成为$(c_1',\ 0)$或$(m_1',\ 0)$的混合溶剂用这个半透膜分隔开，当膜两侧达到平衡时，组分 0 和 1 在膜两侧的化学位μ_0和μ_1分别相等，此时组分 1 在膜两侧的浓度 c_1 与 c_1'不相等。根据稀溶液的 McMillan-Mayer 理论，膜两侧的压力差(即渗透压)$p(c_1, c_2)-p(c_1', 0)=\pi(c_1, c_2|c_1', 0)$为

$$\pi\left(c_1, c_2 \mid c_1', 0\right) = RT \left[\frac{1}{M_2} c_2 + A_{2,22}\left(c_1'\right) c_2^{\ 2} + \cdots \right] \tag{5.75}$$

M_2 是溶质高分子的真实分子量，$A_{2,22}(c_1')$ 是高分子在浓度为 c_1' 的混合溶剂中的位力系数。省略繁琐的推导过程，最终得到

$$\frac{K^* c_2}{R_\theta^*} = \frac{1}{M_2} + 2A_{2,22}(c_1')c_2 + \cdots \tag{5.76}$$

$$K^* = \frac{2\pi^2 \tilde{n}^2}{N_A \lambda^4} \left(\frac{\partial \tilde{n}}{\partial c_2} \right)_{T,p,\mu_1}^2 \tag{5.77}$$

比较式(5.76)与式(5.58)可知，μ_1 一定时混合溶剂的瑞利比公式与二组分体系的瑞利比公式的形式是一样的。但是式(5.77)的 K^* 与式(5.56)的 K 不同，前者测定折光指数增量的条件是 T、p 和组分 1 的化学位 μ_1 一定，所以测定时要用经过与 (c_1, c_2) 溶液渗透平衡的混合溶剂来稀释。

5. *浓溶液*

对于二组分体系，根据式(5.56)并将高分子浓度由 c 换成 ϕ_1，

$$\frac{K_\phi V_0 \phi_1}{R_\theta} = -\frac{1}{RT} \left(\frac{\partial \mu_0}{\partial \phi_1} \right)_{T,p}, \quad K_\phi = \frac{2\pi^2 \tilde{n}^2}{N_A \lambda^4} \left(\frac{\partial \tilde{n}}{\partial \phi_1} \right)^2 \tag{5.78}$$

将由弗洛里-哈金斯理论得到的 $\Delta\mu_0$ [式(3.43)]代入上式，得到

$$2\chi + \phi_1 \frac{\partial \chi}{\partial \phi_1} = \frac{1}{1-\phi_1} + \frac{1}{P_1 \phi_1} - \frac{K_\phi V_0}{R_\theta} \tag{5.79}$$

由此可知，从光散射的 R_θ 结果可以得到 χ。对于发生相分离的体系，旋节点处 $\left(\frac{\partial^2 \Delta G}{\partial \phi_1^2} \right)_{T,p} = \left(\frac{\partial \mu_1}{\partial \phi_1} \right)_{T,p} = 0$，则 $1/R_\theta=0$，可用于测定旋节点温度 T_{sp}。实际上，在不同温度下测定 $1/R_\theta$，外推至 $1/R_\theta \to 0$，此点的温度为 T_{sp}。

对于由一种溶剂和两种不同种类的高分子组成的三组分溶液，情况就复杂多了。根据式(5.51)，$\theta \to 0$ 时的过量瑞利比为

$$\Delta R_\theta = K v_M RT \sum_{i=1}^{2} \sum_{j=1}^{2} \left(\frac{\partial \tilde{n}}{\partial m_i} \right)_{T,p,m_j} \left(\frac{\partial \tilde{n}}{\partial m_j} \right)_{T,p,m_i} \frac{\psi^{ij}}{|\underset{\sim}{\psi}|} \tag{5.80}$$

式中，光学常数 $K=\dfrac{2\pi^2\tilde{n}^2}{N_A\lambda^4}$；$m_i$ 是组分 i 的质量摩尔浓度，v_M 是与单位质量溶剂对应的溶液体积，$v_M=\dfrac{V_0\left(n_0+\sum_{i=1}^{2}n_iP_i\right)}{n_0M_0}=\dfrac{V_0}{M_0(1-\phi)}$。对于三组分溶液，$i$ 组分的体积分数 ϕ_i 与 m_i 的关系为：$\phi_i=\dfrac{M_0m_iP_i}{1+M_0\sum_{i=1}^{2}m_iP_i}$。于是

$$\begin{aligned}\frac{\partial\phi_i}{\partial m_i}&=M_0P_i(1-\phi_i)(1-\phi)\\ \frac{\partial\phi_j}{\partial m_i}&=-M_0P_i\phi_j(1-\phi)\end{aligned}\tag{5.81}$$

所以

$$\left(\frac{\partial\tilde{n}}{\partial m_i}\right)_{T,p,m_k}=M_0(1-\phi)P_i\left[\left(\frac{\partial\tilde{n}}{\partial\phi_i}\right)_{\phi_k}-\sum_{j=1}^{2}\phi_j\left(\frac{\partial\tilde{n}}{\partial\phi_j}\right)_{\phi_k}\right]=M_0(1-\phi)P_i\tilde{\gamma}_i\tag{5.82}$$

$$\tilde{\gamma}_i=\gamma_i-\sum_{j=1}^{2}\gamma_j\phi_j,\quad \gamma_i=\left(\frac{\partial\tilde{n}}{\partial\phi_i}\right)_{\phi_k}\tag{5.83}$$

将 v_M 及式(5.82)代入式(5.80)得到

$$\Delta R_\theta=KRTM_0V_0(1-\phi)\sum_{i=1}^{2}\sum_{j=1}^{2}\tilde{\gamma}_i\tilde{\gamma}_jP_iP_j\frac{\psi^{ij}}{\left|\underset{\sim}{\psi}\right|}\tag{5.84}$$

还可以将组成变量由两组分各自的体积分数(ϕ_1, ϕ_2)转变为溶质的总体积分数与组分 1 在溶质中的体积分数(ϕ, ξ_1)，表达式要作相应的变换，此处不再赘述。

5.3 分布函数理论

严格地说，以热力学涨落为基础的散射理论只适用于散射角θ为 0 的情况，或者散射粒子的尺寸很小($<\lambda/20$)的情况。对于高分子，由于分子内、分子间的散射光发生干涉，导致散射光强度随散射角θ增大而减弱。因此，

需要建立能够描述干涉的分布函数(distribution function)理论。

入射光是平面偏光，振动方向平行于 x 轴，前进方向平行于 z 轴，$\boldsymbol{e}_z$ 为入射方向的单位矢量。一个体积为 V 的定域体系包含有 N 个散射单元，其中第 k 个散射单元位于 $\boldsymbol{R}_k$ 处。与式(5.7)相似，入射光的电场在 k 单元上引起的偶极 $\boldsymbol{p}_k$(图 5.2)为

$$\boldsymbol{p}_k = \boldsymbol{e}_x p_{0k} \exp\left[\mathrm{i}\omega\left(t - \frac{\boldsymbol{R}_k \cdot \boldsymbol{e}_z}{\tilde{c}'}\right)\right] \tag{5.85}$$

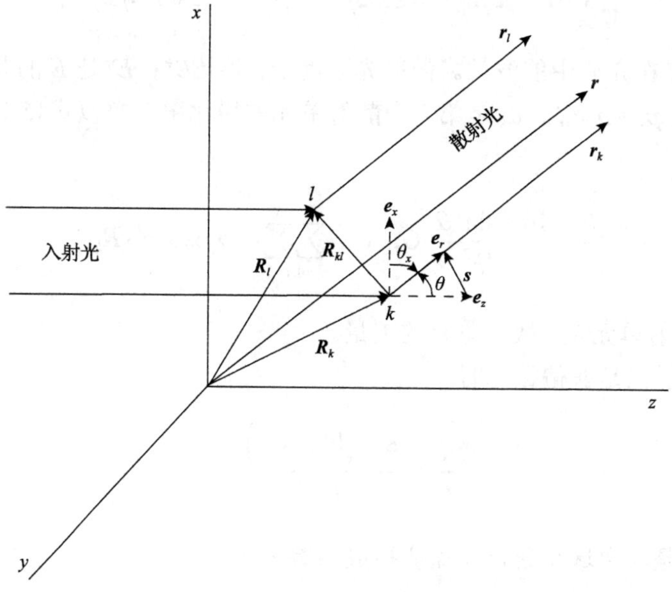

图 5.2　来自 k 与 l 两个散射单元的散射光路径

观测器检测与入射光成θ角的散射光 $\boldsymbol{r}$，散射光方向的单位矢量为 $\boldsymbol{e}_r$。来自 k 单元的散射光矢量 $\boldsymbol{r}_k$ 代入式(5.3)，参考式(5.5)由偶极 $\boldsymbol{p}_k$ 引起的辐射电场 $\boldsymbol{E}_k$ 的振幅为

$$\boldsymbol{E}_k = p_{0k}\left(\frac{\omega}{\tilde{c}}\right)^2 \frac{\sin\theta_x}{r_k} \exp\left[\mathrm{i}\omega\left(t - \frac{r_k + \boldsymbol{R}_k \cdot \boldsymbol{e}_z}{\tilde{c}'}\right)\right] \tag{5.86}$$

r_k 为由第 k 个散射单元至检测器的距离。设 r 是自原点至检测器的距离，则 $r_k = r - \boldsymbol{R}_k \cdot \boldsymbol{e}_r$。因为 $r \gg V^{1/3}$，所以 $r_k^{-1} \approx r^{-1}$。对所有的 k、l 散射单元 $\boldsymbol{E}_k$ 与 $\boldsymbol{E}_l$

平行，所以总的辐射电场振幅为

$$\begin{aligned}\boldsymbol{E}&=\sum_{k=1}^{N}\boldsymbol{E}_k\\&=\left(\frac{\omega}{\tilde{c}}\right)^2\frac{\sin\theta_x}{r}\exp\left[\mathrm{i}\omega\left(t-\frac{r}{\tilde{c}'}\right)\right]\sum_{k=1}^{N}p_{0k}\exp\left(\boldsymbol{s}'\cdot\boldsymbol{R}_k\right)\end{aligned}\tag{5.87}$$

式中，$\boldsymbol{s}$ 为衍射矢量(见图 5.2)，

$$\boldsymbol{s}=\boldsymbol{e}_r-\boldsymbol{e}_z,\quad \boldsymbol{s}'=\boldsymbol{s}\,2\pi\mathrm{i}/\lambda',\quad |\boldsymbol{s}|=s=2\sin(\theta/2)\tag{5.88}$$

λ'是散射光在介质中的波长。散射光强度 $I=|E|^2=EE^*$；E^*是 E 的共轭复数。$I^{\mathrm{o}}=(E_0^{\mathrm{o}})^2$，$p_{k0}=\alpha_k E_0^{\mathrm{o}}$，$\alpha_k$ 是第 k 个散射单元的极化率。类似式(5.14)，我们得到

$$\frac{I}{I^{\mathrm{o}}}=\frac{16\pi^4\sin^2\theta_x}{\lambda^4 r^2}G,\quad G=\sum_{k=1}^{N}\sum_{l=1}^{N}\alpha_k\alpha_l\exp\left(\boldsymbol{s}'\cdot\boldsymbol{R}_{kl}\right)\tag{5.89}$$

$\boldsymbol{R}_{kl}$ 是 k 散射单元至 l 散射单元的矢量。

当入射光是非偏振光时，

$$\frac{I}{I^{\mathrm{o}}}=\frac{8\pi^4\left(1+\cos^2\theta\right)}{\lambda^4 r^2}G\tag{5.90}$$

如果是非定域系统，G 需要换成系综平均$\langle G\rangle$

$$\langle G\rangle=\sum_{k=1}^{N}\sum_{l=1}^{N}\alpha_k\alpha_l\int P\left(\boldsymbol{R}_{kl}\right)\exp\left(\boldsymbol{s}'\cdot\boldsymbol{R}_{kl}\right)\mathrm{d}\boldsymbol{R}_{kl}\tag{5.91}$$

$P(\boldsymbol{R}_{kl})$是 $\boldsymbol{R}_{kl}$ 的分布函数。所以瑞利比为

$$R_\theta=\frac{8\pi^4}{\lambda^4}\frac{\langle G\rangle}{V}\tag{5.92}$$

式(5.92)是相对于 0 组分的过量散射的瑞利比，计算散射光强度就转为获得溶质分子的分布函数，从而计算$\langle G\rangle$中的积分。

1. 基础理论

根据二组分溶液与多组分系统的分布函数理论，设溶液的体积为 V，含有 0、1、2、…、r 种组分，其中σ组分的分子数为 N_σ，而σ组分的一个分子中有 n_σ个相同的散射单元。则溶液中散射单元的总数是

$$N=\sum_{\sigma=1}^{r} N_\sigma n_\sigma \tag{5.93}$$

对同一组分σ，式(5.91)中的$\alpha_k=\alpha_\sigma$，都是相同的。为了完成式(5.91)中的积分，要明确第 k 个和第 l 个散射单元分别属于哪个组分、哪个分子。设同一分子 1 内的散射单元 i_1 和 j_1 之间距离矢量为 $\boldsymbol{R}_{i_1 j_1}$ 的分布函数为 $P(\boldsymbol{R}_{i_1 j_1})$，不同分子 1 与 2 的散射单元 i_1 和 i_2 之间的距离矢量为 $\boldsymbol{R}_{i_1 i_2}$ 的分布函数为 $P(\boldsymbol{R}_{i_1 i_2})$(1 和 2 分子分别属于组分$\sigma$和组分$\tau$)，根据 McMillan-Mayer 溶液理论可得

$$P\left(\boldsymbol{R}_{i_1 j_1}\right)=V^{-1}\int F_1\left(1_\sigma\right)\mathrm{d}\left(1_\sigma\right)/\mathrm{d}\boldsymbol{R}_{i_1 j_1} \tag{5.94}$$

$$P\left(\boldsymbol{R}_{i_1 i_2}\right)=V^{-2}\int F_2\left(1_\sigma,2_\tau\right)\mathrm{d}\left(1_\sigma,2_\tau\right)/\mathrm{d}\boldsymbol{R}_{i_1 i_2} \tag{5.95}$$

$F_1(1_\sigma)$与 $F_2(1_\sigma,2_\tau)$分别为一体分布函数和二体分布函数。于是，$\langle G\rangle$可写为

$$\begin{aligned}\langle G\rangle=&\sum_{\sigma=1}^{r} N_\sigma \alpha_\sigma^2 \sum_{i_1=1}^{n_\sigma}\sum_{j_1=1}^{n_\sigma} V^{-1}\int F_1\left(1_\sigma\right)\exp\left(\boldsymbol{s}'\cdot\boldsymbol{R}_{i_1 j_1}\right)\mathrm{d}\left(1_\sigma\right)\\&+\sum_{\sigma=1}^{r} N_\sigma\left(N_\sigma-1\right)\alpha_\sigma^2 \sum_{i_1=1}^{n_\sigma}\sum_{i_2=1}^{n_\sigma} V^{-2}\int F_2\left(1_\sigma,2_\sigma\right)\exp\left(\boldsymbol{s}'\cdot\boldsymbol{R}_{i_1 i_2}\right)\mathrm{d}\left(1_\sigma,2_\sigma\right)\\&+\sum_{\sigma=1}^{r}\sum_{\tau=1,\tau\neq\sigma}^{r} N_\sigma N_\tau \alpha_\sigma \alpha_\tau \sum_{i_1=1}^{n_\sigma}\sum_{i_2=1}^{n_\tau} V^{-2}\int F_2\left(1_\sigma,2_\tau\right)\exp\left(\boldsymbol{s}'\cdot\boldsymbol{R}_{i_1 i_2}\right)\mathrm{d}\left(1_\sigma,2_\tau\right)\end{aligned} \tag{5.96}$$

F_1、F_2也是各组分浓度 $\boldsymbol{c}=c_1, c_2,\cdots, c_r$ 的函数，而组分σ的质量浓度为 $c_\sigma=M_\sigma N_\sigma/N_\mathrm{A}V$。

假设分子间没有相互作用，分子在溶液中呈无规分布，于是式(5.96)右边的第二项和第三项对散射没有贡献。无规分布时，$F_2(1_\sigma,2_\tau)=$

$F_1(1_\sigma)F_1(2_\tau)$，利用 F_1 的归一化条件，后两项中的积分都可以简化为

$$\int F_1(1_\sigma)F_1(2_\tau)\exp\left(\boldsymbol{s}'\cdot\boldsymbol{R}_{i_1i_2}\right)\mathrm{d}(1_\sigma,2_\tau)=V\int\exp\left(\boldsymbol{s}'\cdot\boldsymbol{R}_{i_1i_2}\right)\mathrm{d}\boldsymbol{R}_{i_1i_2} \tag{5.97}$$

上式右侧的积分恰是三维δ函数$(\lambda')^3\delta(\boldsymbol{s})$的傅里叶(Fourier)变换形式，只有$\theta$=0 时为 V^2，其他θ时为 0。引入对相关函数(pair correlation function) $g_2(1_\sigma, 2_\sigma)$和 $g_2(1_\sigma,2_\tau)$，并明确表示为浓度 $\boldsymbol{c}$ 的函数，

$$g_2(1_\sigma,2_\tau,\boldsymbol{c})=F_2(1_\sigma,2_\tau,\boldsymbol{c})-F_1(1_\sigma,\boldsymbol{c})F_1(2_\tau,\boldsymbol{c}) \tag{5.98}$$

定义分子内干涉因子(intramolecular interference factor) $P_{1,\sigma}(\theta,\ \boldsymbol{c})$和分子间干涉因子(intermolecular interference factor) $P_{2,\sigma\tau}(\theta,\boldsymbol{c})$分别为

$$P_{1,\sigma}(\theta,\boldsymbol{c})=n_\sigma^{-2}\sum_{i_1=1}^{n_\sigma}\sum_{j_1=1}^{n_\sigma}V^{-1}\int F_1(1_\sigma,\boldsymbol{c})\exp\left(\boldsymbol{s}'\cdot\boldsymbol{R}_{i_1j_1}\right)\mathrm{d}(1_\sigma) \tag{5.99}$$

$$P_{2,\sigma\tau}(\theta,\boldsymbol{c})=(n_\sigma n_\tau)^{-1}\sum_{i_1=1}^{n_\sigma}\sum_{i_2=1}^{n_\tau}\frac{\int g_2(1_\sigma,2_\tau,\boldsymbol{c})\exp\left(\boldsymbol{s}'\cdot\boldsymbol{R}_{i_1i_2}\right)\mathrm{d}(1_\sigma,2_\tau)}{\int g_2(1_\sigma,2_\tau,\boldsymbol{c})\mathrm{d}(1_\sigma,2_\tau)} \tag{5.100}$$

当 $\boldsymbol{s}'=0(\theta=0)$，无论浓度 $\boldsymbol{c}$ 的值是多少，有 $\lim\limits_{\theta\to0}P_{1,\sigma}(\theta,\boldsymbol{c})=1$，$\lim\limits_{\theta\to0}P_{2,\sigma\tau}(\theta,\boldsymbol{c})=1$。

我们定义 $A_{2,\tau\sigma}(\boldsymbol{c})$去描述浓度为 $\boldsymbol{c}$ 时，组分σ的一个分子与组分τ的一个分子之间的相互作用，

$$A_{2,\sigma\tau}(\boldsymbol{c})\equiv-\frac{N_{\mathrm{A}}}{2VM_\sigma M_\tau}\int g_2(1_\sigma,2_\tau,\boldsymbol{c})\mathrm{d}(1_\sigma,2_\tau) \tag{5.101}$$

$\boldsymbol{c}\to0$ 时 $A_{2,\sigma\tau}$等于通常的第二位力系数 A_2。利用式(5.98)～式(5.101)可将式(5.96)简化为($N_\sigma\gg1$)

$$\begin{aligned}\frac{\langle G\rangle}{N_{\mathrm{A}}V}=&\sum_{\sigma=1}^{r}(n_\sigma\alpha_\sigma)^2M_\sigma^{-1}P_{1,\sigma}(\theta,\boldsymbol{c})c_\sigma\\&-2\sum_{\sigma=1}^{r}\sum_{\tau=1}^{r}(n_\sigma\alpha_\sigma)(n_\tau\alpha_\tau)A_{2,\sigma\tau}(\boldsymbol{c})P_{2,\sigma\tau}(\theta,\boldsymbol{c})c_\sigma c_\tau\end{aligned} \tag{5.102}$$

式(5.96)中的第二、第三项已合并成上式中的第二项。

为了将过剩极化率α_σ转变成折光指数的增率，设介电常数增率不依赖于分子量M_σ，根据$\varepsilon-\varepsilon_0=4\pi\rho\alpha$、$\varepsilon=\tilde{n}^2$和$\rho=N_A c/M$，得到

$$\tilde{n}^2-\tilde{n}_0{}^2=4\pi N_A\sum_{\sigma=1}^{r}\frac{n_\sigma}{M_\sigma}\alpha_\sigma c_\sigma \tag{5.103}$$

$\tilde{n}_0$为组分 0 的折光指数。作为一级近似，设α_σ与浓度 $\boldsymbol{c}$ 无关，上式两边对c_σ微分得到

$$n_\sigma\alpha_\sigma=\frac{M_\sigma\tilde{n}_0}{2\pi N_A}\left(\frac{\partial\tilde{n}}{\partial c_\sigma}\right)_0 \tag{5.104}$$

求导的下标 0 表示对所有溶质($\sigma\geqslant1$)都是无限稀的溶液。将式(5.104)代入式(5.102)再代入式(5.92)，得到

$$\begin{aligned}\frac{R_\theta}{K'}=&\sum_{\sigma=1}^{r}\left(\frac{\partial\tilde{n}}{\partial c_\sigma}\right)_0^2 M_\sigma P_{1,\sigma}(\theta,\boldsymbol{c})c_\sigma\\&-2\sum_{\sigma=1}^{r}\sum_{\tau=1}^{r}\left(\frac{\partial\tilde{n}}{\partial c_\sigma}\right)_0\left(\frac{\partial\tilde{n}}{\partial c_\tau}\right)_0 M_\sigma M_\tau A_{2,\sigma\tau}(\boldsymbol{c})P_{2,\sigma\tau}(\theta,\boldsymbol{c})c_\sigma c_\tau\end{aligned} \tag{5.105}$$

$K'=\dfrac{2\pi^2\tilde{n}_0{}^2}{N_A\lambda^4}$。这是多组分溶液光散射分布函数理论的基本方程，可以推导出适应各种条件的公式。

作为特例，对二组分溶液(σ=1)，式(5.105)成为

$$\frac{R_\theta}{K}=MP_1(\theta,c)c-2M^2A_2(c)P_2(\theta,c)c^2 \tag{5.106}$$

$K=\dfrac{2\pi^2\tilde{n}_0^2}{N_A\lambda^4}\left(\dfrac{\partial\tilde{n}}{\partial c}\right)_0^2$。将$P_1(\theta,\boldsymbol{c})$展开成$c$的级数$P_1(\theta,c)=P_1(\theta)+P_1^{(1)}(\theta)c+\cdots$，$P_1(\theta)\equiv P_1(\theta,0)$；$A_2(0)\equiv A_2$，$P_2(\theta,0)\equiv P_2(\theta)$，式(5.106)成为

$$\frac{Kc}{R_\theta}=\frac{1}{MP_1(\theta)}+2A_2Q(\theta)c+\cdots \tag{5.107}$$

$$Q(\theta)=Q_2(\theta)-Q_1(\theta),\ Q_1(\theta)=\frac{P_1^{(1)}(\theta)}{2MA_2P_1^2(\theta)},\ Q_2(\theta)=\frac{P_2(\theta)}{P_1^2(\theta)} \tag{5.108}$$

在$\theta=0$的极限状态，$P_1(\theta)=1$，$Q(\theta)=1$，式(5.107)还原为式(5.58)。

2. 分子内干涉因子

分子内干涉因子表示为$P_1(\theta, c)$，当散射粒子很小时，$P_1(\theta)=1$，散射光强度 I 的角度依赖性在非偏振光入射的场合只来自$(1+\cos^2\theta)$，是关于$\theta=90°$对称的。对于大分子，$P_1(\theta)$依赖于大分子的尺寸、形状和散射角，散射光强度I失去了关于90°的对称性。于是，由光散射可以测定大分子的尺寸。对于柔性链，$P_1(\theta, c)$通过分布函数$F_1(1, c)$还依赖于浓度c，而刚性分子的P_1与浓度无关。

从n个链段构成的柔性链高分子开始，当浓度无限稀$(c\to0)$时，由式(5.99)的$P_1(\theta)$和式(5.94)给出的分子链上第i和第j个链段之间的距离矢量$\boldsymbol{R}_{ij}$的分布$P(\boldsymbol{R}_{ij})$，得到

$$P_1(\theta)=n^{-2}\sum_i\sum_j\int P(\boldsymbol{R}_{ij})\exp(\boldsymbol{s}'\cdot\boldsymbol{R}_{ij})\mathrm{d}\boldsymbol{R}_{ij} \tag{5.109}$$

将$\exp(\boldsymbol{s}'\cdot\boldsymbol{R}_{ij})$展开并积分，且$P(\boldsymbol{R}_{ij})$具有球对称，$\left\langle R_{ij}^{2p}\right\rangle=\int_0^\infty R_{ij}^{2p}P(R_{ij})R_{ij}^2\mathrm{d}R_{ij}$，

得到$P_1(\theta)$展开成矩$\left\langle R_{ij}^{2p}\right\rangle$的级数形式

$$P_1(\theta)=2\sum_{p=0}^{\infty}\frac{(-1)^p}{(2p+1)!}\left(\frac{4\pi}{\lambda'}\right)^{2p}n^{-2}\sum_{i<j}\left\langle R_{ij}^{2p}\right\rangle\sin^{2p}\left(\frac{\theta}{2}\right) \tag{5.110}$$

当$\theta\to0$时$(p=0, 1)$，

$$P_1(\theta)=1-\frac{16\pi^2}{3(\lambda')^2}\left\langle S^2\right\rangle\sin^2\left(\frac{\theta}{2}\right)+\cdots \tag{5.111}$$

其中均方回转半径$\left\langle S^2\right\rangle=\dfrac{1}{n^2}\sum_{i<j}\left\langle R_{ij}^2\right\rangle$。将上式代入式(5.107)，得到

$$\lim_{c\to 0}\frac{Kc}{R_\theta}=\frac{1}{M}+\frac{16\pi^2}{3\lambda'^2 M}\left\langle S^2\right\rangle\sin^2\left(\frac{\theta}{2}\right)+\cdots \tag{5.112}$$

因此，由$(Kc/R_\theta)_{c\to 0}$对 $\sin^2(\theta/2)$曲线的起始斜率可以得到$\left\langle S^2\right\rangle$。因为式(5.110)与高分子链模型无关，所以式(5.112)与模型无关。即不论是刚性链还是柔性链，不论是线性大分子还是支化大分子。由式(5.106)可知，由于 $P_2(\theta, c)$的存在，作为浓度函数的$\left\langle S^2(c)\right\rangle$是不能由光散射得到的。

对二组分高分子溶液，当高分子具有分子量多分散性时，设折光指数增率$\left(\partial\tilde{n}/\partial c\right)_0$与分子量无关，$i$ 级分的重量分数为 w_i，高分子的重均分子量 $M_\mathrm{w}=\sum M_i w_i$，$\left\langle S^2\right\rangle_\mathrm{z}=\dfrac{1}{M_\mathrm{w}}\sum\limits_i M_i w_i\left\langle S^2\right\rangle_i$，得到

$$\frac{Kc}{R_\theta}=\frac{1}{M_\mathrm{w}}\left[1+\frac{16\pi^2}{3\lambda'^2}\left\langle S^2\right\rangle_z\sin^2\left(\frac{\theta}{2}\right)+\cdots\right]+2A_2c+\cdots$$

所以，对于具有分子量多分散性的高分子溶质，光散射得到的是重均分子量和 z 均均方回转半径。

由上述讨论可知，当浓度无限稀$(c\to 0)$时，分子内干涉因子 $P_1(\theta)$与大分子链的构象有关(随$\left\langle R_{ij}^{2p}\right\rangle$变化)，下面给出两种构象的 $P_1(\theta)$函数。

1) 高斯链

$$\left\langle R_{ij}^{2p}\right\rangle=\frac{(2p+1)!}{6^p p!}\left(|i-j|a^2\right)^p,\quad n^{-2}\sum_{i<j}\left\langle R_{ij}^{2p}\right\rangle=\frac{(2p+1)!}{6^p(p+2)!}\left\langle R^2\right\rangle_0^p \tag{5.113}$$

a 是链段长度，均方末端距$\left\langle R^2\right\rangle_0=na^2$。代入式(5.110)

$$P_1^0(\theta)=\frac{2}{u^2}\left(e^{-u}-1+u\right),\quad u=\frac{8\pi^2}{3(\lambda')^2}\left\langle R^2\right\rangle_0\sin^2\left(\frac{\theta}{2}\right) \tag{5.114}$$

P_1 的上标 0 表示大分子链处于无扰状态。$P_1(\theta)$函数也称为德拜(Debye)函数。

2) 刚性球状分子和棒状分子

刚性大分子可以看成是散射单元的连续体，由式(5.109)给出 $P_1(\theta)$，则无限稀溶液的瑞利比 $R_\theta=KMcP_1(\theta)$。这只适用于粒子与介质的折光指数

之差很小的情况，高分子稀溶液就是如此。否则，散射单元和电磁场相互作用的米氏效应会导致非常复杂的散射图案。

对半径为 $\overline{S}$ 的刚性球状分子，散射单元可以看成是定域的，不需要构象平均。

$$P_1(\theta)=\left[3u^{-3}(\sin u-u\cos u)\right]^2,\quad u=\left(\frac{4\pi\overline{S}}{\lambda'}\right)\sin\left(\frac{\theta}{2}\right) \tag{5.115}$$

对长度为 l 的无限细的棒状分子，构象平均需要考虑分子的取向，设取向在各方向是无规分布的，

$$P_1(\theta)=\frac{1}{u}\int_0^{2u}\frac{\sin x}{x}\mathrm{d}x-\left(\frac{\sin u}{u}\right)^2,\quad u=\left(\frac{2\pi l}{\lambda'}\right)\sin\left(\frac{\theta}{2}\right) \tag{5.116}$$

其他形状的刚性大分子的 $P_1(\theta)$ 只能得到展开的级数解。

图 5.3 显示了不同形状大分子的 $1/P(\theta)\equiv P_1^{-1}(\theta)$ 对 $\left\langle S^2\right\rangle_0(4\pi/\lambda')^2\sin^2(\theta/2)$ 的曲线，当 $\theta\to 0$ 时，斜率为 1/3，与高分子链的模型无关。

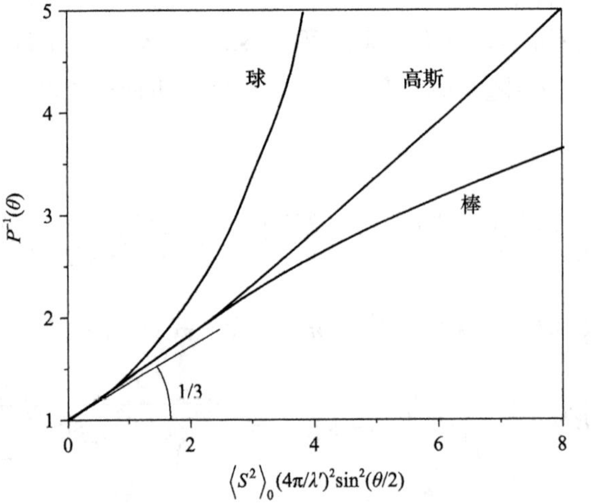

图 5.3　不同高分子链模型的分子内干涉因子 $P_1(\theta)$ 曲线

3. 分子间干涉因子

考虑二组分的无限稀 $(c\to 0)$ 溶液，计算式(5.108)定义的 $Q_2(\theta)$。此时，

分子间干涉因子 $P_2(\theta)$ 可以写成

$$P_2(\theta)=n^{-2}\sum_{i_1,i_2}\frac{\int g_2(1,2)\exp\left(\boldsymbol{s}'\cdot\boldsymbol{R}_{i_1i_2}\right)\mathrm{d}(1,2)}{\int g_2(1,2)\mathrm{d}(1,2)} \tag{5.117}$$

$P_2(\theta)$ 可如式(5.110)展开

$$P_2(\theta)=\sum_{p=0}^{\infty}\frac{(-1)^p}{(2p+1)!}\left(\frac{4\pi}{\lambda'}\right)^{2p}n^{-2}\sum_{i_1,i_2}\left\langle R_{i_1i_2}^{2p}\right\rangle\sin^{2p}\left(\frac{\theta}{2}\right) \tag{5.118}$$

式中，

$$\left\langle R_{i_1i_2}^{2p}\right\rangle=\frac{\int R_{i_1i_2}^{2p}g_2(1,2)\mathrm{d}(1,2)}{\int g_2(1,2)\mathrm{d}(1,2)} \tag{5.119}$$

如果限制在小角范围内，由式(5.111)和式(5.118)可以写出 $Q_2(\theta)$ 的展开形式

$$Q_2(\theta)=1-\frac{8\pi^2}{3(\lambda')^2}\left[n^{-2}\sum_{i_1i_2}\left\langle R_{i_1i_2}^2\right\rangle-4\left\langle S^2\right\rangle\right]\sin^2\left(\frac{\theta}{2}\right)+\cdots \tag{5.120}$$

于是就转变成计算 $\left\langle R_{i_1i_2}^2\right\rangle$ 的问题，这需要已知二体分布函数 $F_2(1,2)$ 才能解出。

5.4　光学各向异性体系

以上的讨论中都是假设散射粒子是光学各向同性的，如果散射粒子是光学各向异性的，例如分子量小于 5000 的聚苯乙烯，由于分子链较短，垂直于和平行于苯环平面的极化率的差异不能通过分子链段的无规分布而抵消，对散射光强度产生影响。此时式(5.2)的诱导偶极振幅为 $\boldsymbol{p}_0=\boldsymbol{\alpha}\boldsymbol{E}_0{}^{\mathrm{o}}$，极化率 $\boldsymbol{\alpha}$ 是对称张量而不再是数量。

假设散射小粒子之间没有相互作用，是互相独立的，入射光是在 x 方向振动的平面偏光，而散射光通过检偏器测定强度，检偏器光轴方向 ξ 垂直于散射光前进方向矢量 $\boldsymbol{r}$。根据式(5.3)，辐射电场 $\boldsymbol{E}$ 在 ξ 方向的分量为

$$\boldsymbol{E}\cdot\boldsymbol{e}_{\xi}=\left(\frac{\omega}{\tilde{c}}\right)^2\frac{N}{r^3}\left[r^2\{\boldsymbol{p}\}-(\boldsymbol{r}\cdot\{\boldsymbol{p}\})\boldsymbol{r}\right]\cdot\boldsymbol{e}_{\xi}=\left(\frac{\omega}{\tilde{c}}\right)^2\frac{N}{r}\{\boldsymbol{p}\}\cdot\boldsymbol{e}_{\xi} \tag{5.121}$$

式中，N 是体系中散射粒子的数目，方括号中的第二项的 $\boldsymbol{r}\cdot\boldsymbol{e}_{\xi}=0$。散射光在$\xi$方向的强度为 I_{ξ}

$$I_{\xi}=A\left\langle\left(\alpha\boldsymbol{e}_0\cdot\boldsymbol{e}_{\xi}\right)^2\right\rangle I^{\mathrm{o}} \tag{5.122}$$

其中，$A=16\pi^4N/\lambda^4r^2$，$\boldsymbol{e}_0$ 表示入射光在散射粒子处形成电场的振幅 $\boldsymbol{E}_0^{\mathrm{o}}$ 方向的单位矢量，式(5.122)中的平均是对这些粒子的所有取向进行平均。如果粒子上的坐标系(X, Y, Z)设置得恰当，极化率张量$\boldsymbol{\alpha}$可以表示成分子坐标系中的对角线张量，其对角元素为$(\alpha_1, \alpha_2, \alpha_3)$。将空间固定的坐标系$(x, y, z)$通过正交变换成粒子的坐标系$(X, Y, Z)$，假设粒子取向在所有方向都是相同的，式(5.122)中的平均可以通过对坐标轴的方向余弦的积进行平均来计算，就是

$$\left\langle\left(\boldsymbol{\alpha}\boldsymbol{e}_0\cdot\boldsymbol{e}_{\xi}\right)^2\right\rangle=\alpha^2\cos^2\varphi+\frac{B^2}{2}\left(1+\frac{1}{3}\cos^2\varphi\right) \tag{5.123}$$

φ是 $\boldsymbol{e}_0$ 与 $\boldsymbol{e}_{\xi}$的夹角，$\alpha=\frac{1}{3}(\alpha_1+\alpha_2+\alpha_3)$，$B^2=\frac{1}{15}\left[(\alpha_1-\alpha_2)^2+(\alpha_2-\alpha_3)^2+(\alpha_3-\alpha_1)^2\right]$。$\alpha$是平均极化率，经式(5.21)与折光指数关联。对各向同性粒子，$\alpha_1=\alpha_2=\alpha_3=\alpha$，$B=0$。当 $\boldsymbol{e}_0$ 平行于 x 轴(垂直)或 y 轴(水平)时分别用下标 v 或 h 表示(垂直入射或水平入射)，$\boldsymbol{e}_{\xi}$为垂直或水平方向时用下标 V 或 H 表示(垂直散射或水平散射)。例如，$I_{\mathrm{V_h}}$ 表示入射光为水平偏光时散射光中的垂直分量(图 5.4)。

由式(5.122)和式(5.123)得到

$$\begin{aligned}
&\frac{I_{\mathrm{V_v}}}{I_{\mathrm{v}}^{\mathrm{o}}}=A\left(\alpha^2+\frac{2}{3}B^2\right)\\
&\frac{I_{\mathrm{H_v}}}{I_{\mathrm{v}}^{\mathrm{o}}}=\frac{I_{\mathrm{V_h}}}{I_{\mathrm{h}}^{\mathrm{o}}}=A\left(\frac{1}{2}B^2\right)\\
&\frac{I_{\mathrm{H_h}}}{I_{\mathrm{h}}^{\mathrm{o}}}=A\left[\alpha^2\cos^2\theta+\frac{B^2}{2}\left(1+\frac{1}{3}\cos^2\theta\right)\right]
\end{aligned} \tag{5.124}$$

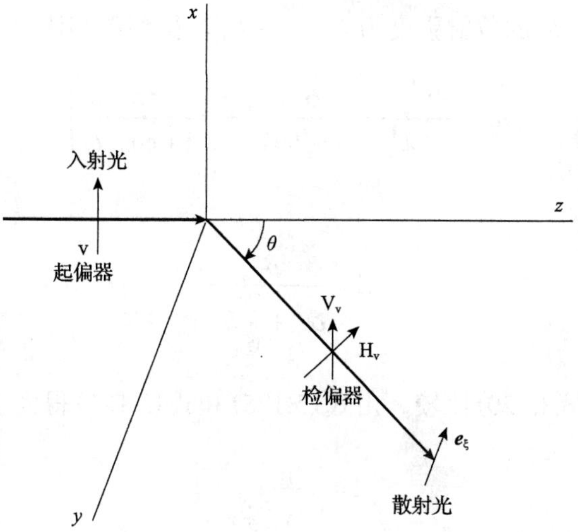

(a)

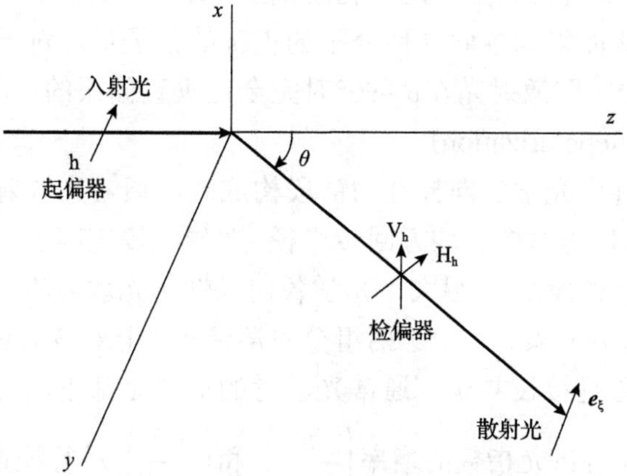

(b)

图 5.4　散射光的垂直与水平分量

(a) 垂直入射光；(b) 水平入射光

当入射光是非偏振光时，入射光强 $I_0 = I_{\mathrm{v}}^{\mathrm{o}} + I_{\mathrm{h}}^{\mathrm{o}} = 2I_{\mathrm{v}}^{\mathrm{o}} = 2I_{\mathrm{h}}^{\mathrm{o}}$，散射光强度的两个分量为 $I_{\mathrm{V}} = I_{\mathrm{V_v}} + I_{\mathrm{V_h}}$ 和 $I_{\mathrm{H}} = I_{\mathrm{H_v}} + I_{\mathrm{H_h}}$，得到

$$\begin{aligned}\frac{I_{\mathrm{V}}}{I^{\mathrm{o}}} &= \frac{A}{2}\left(\alpha^2 + \frac{7}{6}B^2\right)\\ \frac{I_{\mathrm{H}}}{I^{\mathrm{o}}} &= \frac{A}{2}\left[\alpha^2\cos^2\theta + B^2\left(1 + \frac{1}{6}\cos^2\theta\right)\right]\end{aligned} \tag{5.125}$$

不用检偏器时，总的散射强度为$I = I_V + I_H$，得到瑞利比

$$R_\theta = \frac{8\pi^4 \alpha^2 \rho}{\lambda^4} \frac{6}{6-7\Delta}\left(1+\Delta\frac{1-\cos^2\theta}{1+\cos^2\theta}\right) \tag{5.126}$$

其中，

$$\Delta = \frac{B^2}{\alpha^2 + \frac{7}{6}B^2} \tag{5.127}$$

式(5.126)可与式(5.20)比较。由式(5.125)和式(5.127)得到

$$\Delta = \left(\frac{I_H}{I_V}\right)_{\theta=90°} \tag{5.128}$$

可见，Δ可以由实验得到。因此，利用式(5.126)可以完成对 R_θ的光学各向异性的校正，从而得到各向异性分子的正确的分子量。对于各向同性的粒子，90°时 I_H=0，即散射光在θ=90°时完全是垂直偏振的，所以Δ称为退偏振度(degree of depolarization)。

当高分子链由光学各向异性的链段构成时，通常光散射瑞利比不能给出分子量、第二位力系数和均方回转半径，要导入校正因子$\delta=B^2/6\alpha^2 n$ 校正。分子量很高时，链段数 n 很大，光学各向异性对光散射的结果影响不大。对于 A、B 两组分共聚物，由于两组分对溶液折光指数$\tilde{n}$的贡献不同，无论是无规、嵌段还是接枝共聚，通常光散射的瑞利比都不能给出正确的分子量，要用各组分对折光指数的增率$\left(\frac{\partial \tilde{n}}{\partial c_A}\right)_0$和$\left(\frac{\partial \tilde{n}}{\partial c_B}\right)_0$进行校正。上述校正推导都比较繁复，不在此赘述了。要强调的是，光散射不能直接给出共聚物的真正的分子量，如果各共聚组分的浓度不明确，就无法进行校正。

参 考 文 献

[1] Yamakawa H. Modern Theory of Polymer Solutions. New York: Harper & Row, Publishers, Inc., 1971.

[2] Stockmayer W H. J. Chem. Phys., 1950, 18: 58.

[3] Casassa E F, Eisenberg H. Adv. Protein Chem., 1964, 19: 287.

[4] Tong Z, Einaga Y, Miyashita H, Fujita H. Macromolecules, 1987, 20: 1883.

第6章 高分子水凝胶溶胀热力学

高分子凝胶是由三维高分子网络与溶剂组成的多元体系，是自然界中普遍存在的一种物质形态。使高分子链形成三维网络结构的交联点有两种，即物理交联和化学交联。前者是通过分子链之间的物理相互作用实现交联的，物理作用的种类繁多，包括氢键、微结晶、配位键、多重分子链的螺旋、相分离微区、玻璃化微区、分子链之间的拓扑缠结等等。物理交联易受环境条件的影响发生变化而导致聚集状态的变化，物理交联点的有限松弛时间也导致物理交联凝胶的松弛并转变为溶胶(sol)。化学交联是高分子链之间通过共价键结合形成三维网络，稳定的共价键形成的化学交联是永久的交联结构。为了使高分子网络溶胀，要采用与高分子有亲和力的液体做溶剂，可以是水或有机溶剂，前者称为水凝胶，后者称为有机凝胶。本章只讨论稳定共价键结合的、以水为溶剂的高分子水凝胶的平衡溶胀热力学。

6.1 弗洛里理论的凝胶状态方程

高分子水凝胶在水中产生渗透压，使高分子网络溶胀或收缩。渗透压π与凝胶内外溶剂的化学位之差$\Delta\mu_0$有如下关系：

$$\pi=-\Delta\mu_0/V_0^{\circ} \tag{6.1}$$

式中，V_0°是溶剂的摩尔体积，用于近似稀溶液中的溶剂偏摩尔体积V_0。在凝胶溶胀平衡理论的研究发展中，主要是围绕着如何得到更合理的$\Delta\mu_0$而展开的，所得到的π-T-ϕ关系又称为凝胶状态方程，ϕ是溶胀平衡时凝胶中的高分子体积分数。

根据弗洛里理论[1]，水凝胶的$\Delta\mu_0$有来自三个方面的贡献：高分子与溶剂混合的$\Delta\mu_{0,\mathrm{mix}}$，聚电解质凝胶中小分子可迁移离子的依数性引起的$\Delta\mu_{0,\mathrm{ion}}$，以及溶胀导致高分子网络变形所引起的网络恢复的熵弹性对应的$\Delta\mu_{0,\mathrm{ela}}$，所以

$$\Delta\mu_0=\Delta\mu_{0,\mathrm{mix}}+\Delta\mu_{0,\mathrm{ion}}+\Delta\mu_{0,\mathrm{ela}} \tag{6.2}$$

$\Delta\mu_{0,\text{mix}}$可由经典的弗洛里-哈金斯格子模型得到的式(3.32)给出，高分子三维网络的分子量无限大(即 $P_1\to\infty$)。因为所有高分子组分只构成一个三维网络，本章省略了表示高分子的下标 1。

$$\Delta\mu_{0,\text{mix}}=RT\left[\ln(1-\phi)+\phi+\chi\phi^2\right] \tag{6.3}$$

χ是弗洛里-哈金斯相互作用参数。

聚电解质凝胶的高分子链带有电离基团，电离产生小分子的反离子，如 H^+、Na^+、Ca^{2+}等，浓度要满足凝胶内部电中性的要求。这些反离子不能自由地迁移到凝胶外面的溶剂中，凝胶就像一个反离子不能通过的半透膜，在其内外产生渗透压。将凝胶内部视为稀的盐溶液，渗透压由溶液的依数性计算。当可迁移离子在凝胶内部和周围溶剂中的浓度分别为 c 和 c'(mol/cm^3)时(活度系数近似为 1)，

$$\Delta\mu_{0,\text{ion}}=-RTV_0^{\text{o}}(c-c') \tag{6.4}$$

如果溶剂中有添加盐，则 c 与 c'的关系要符合唐南(Donnan)平衡。没有添加盐时 $c'=0$，设每个高分子链带有 f 个一价电离基团，反离子也是一价，

$$\Delta\mu_{0,\text{ion}}=-RTV_0^{\text{o}}f\nu_{\text{e}}\phi \tag{6.5}$$

凝胶溶胀时高分子网络会受到拉伸，导致构象熵减小，根据理想橡胶的仿射(affine)变形的熵弹性理论，恢复弹性对化学位的贡献为

$$\Delta\mu_{0,\text{ela}}=RTV_0\nu_{\text{e}}\phi_0\left[\left(\frac{\phi}{\phi_0}\right)^{1/3}-\frac{1}{2}\left(\frac{\phi}{\phi_0}\right)\right] \tag{6.6}$$

式中，ν_{e}为干态的高分子三维网络中的有效分子链密度(mol/cm^3)，是凝胶最基本的结构参数；ϕ_0为凝胶在没有溶胀的参照状态时的高分子体积分数，$\nu_{\text{e}}\phi_0$就是参照状态凝胶中的有效分子链密度；ϕ/ϕ_0实质是凝胶溶胀前后体积之比，即体积溶胀比 $R_{\text{v}}(=\phi_0/\phi)$的倒数。将式(6.3)、式(6.5)和式(6.6)代入式(6.2)，得到聚电解质凝胶在纯水中溶胀的状态方程。弗洛里理论的不足之处是没有考虑电离基团之间的静电相互作用，而且将溶胀高分子网络恢复弹性完全视为仿射变形的理想橡胶的熵弹性。

凝胶溶胀的程度以没有溶胀时的凝胶为基准，凝胶的体积或重量的相

对变化称为体积溶胀比 R_v 或重量溶胀比 R_w。溶胀平衡时凝胶内外的溶剂的化学位相等，渗透压π=0。由凝胶状态方程可知，溶胀平衡时的溶胀比是由体系的 3 个参数χ、f 和ν_e 决定。Tanaka 等[2]定义了换算温度(reduced temperature) $\tau=1-2\chi$，表示溶剂对高分子的性质，$\tau>0$ 为良溶剂，$\tau<0$ 为贫溶剂。根据溶胀平衡的条件$\pi=0$，由凝胶状态方程解出τ与溶胀比 R_v 的倒数ϕ/ϕ_0 的关系，如图 6.1 中曲线。在$\tau>0$ 的良溶剂中，无论 f 为何值，凝胶都处于溶胀状态($\phi/\phi_0<1$)，曲线连续。当$\tau<0$ 时，以 f=0.659 为临界值，$f\leqslant 0.659$ 时凝胶溶胀比连续变化；$f>0.659$ 时在某个τ处曲线不连续，表示凝胶体积变化会表现得不连续，称为体积相变(volume phase transition)，虚线连接着对应的平衡两相。他们使水解一定天数的聚丙烯酰胺水凝胶在不同组成的水+丙酮混合溶液中溶胀平衡，在特定组成的混合溶液中观察到凝胶体积显著缩小；用水解 6 天的凝胶观察到了体积相变(图 6.2)。水解的作用是使部分丙烯酰胺基团转变成丙烯酸基团，从而得到带负电荷的聚电解质水凝胶。图 6.1 中的计算曲线反映了图 6.2 中的实验结果的特点。

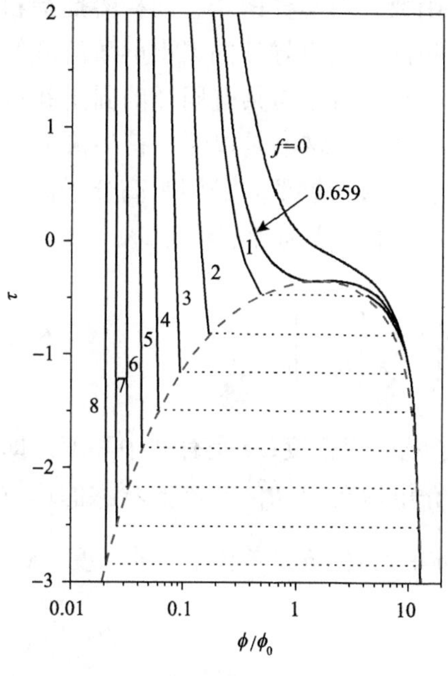

图 6.1　溶胀平衡时指定电荷密度 f 的高分子凝胶的换算温度τ与水凝胶溶胀ϕ/ϕ_0 的关系，设 $V_0{}^o\nu_e/\phi_0{}^3$=10 和ϕ_0=0.05

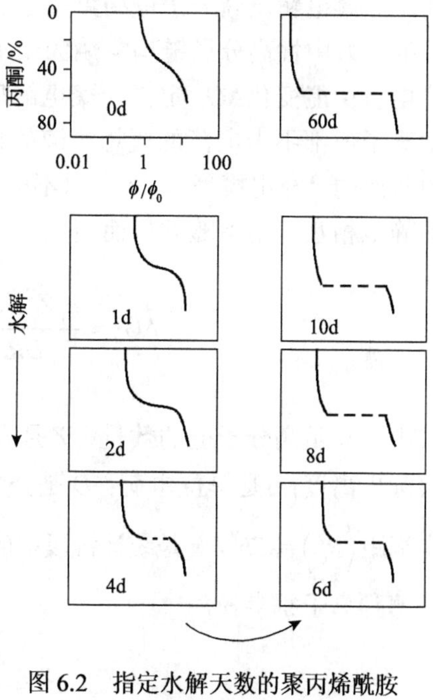

图 6.2　指定水解天数的聚丙烯酰胺水凝胶的溶胀比ϕ/ϕ_0 随水+丙酮混合溶液中丙酮体积分数的变化

6.2　聚电解质水凝胶的 HID 理论

为了引进聚电解质中的静电相互作用，并考虑凝胶溶胀时的有限伸展而非无限的仿射形变，Hasa 等在弗洛里的凝胶状态方程的基础上提出了 Hasa-Ilavsky-Dušek (HID) 理论[3]，该理论是利用聚电解质的经典的 Katchalsky-Lifson 理论[4]将静电相互作用导入凝胶状态方程的。该模型设电离基团随机分布的无规线团状高分子链处于离子强度不是太低的介质中，高分子链的构象熵是末端距(end-to-end distance) R 的函数，其取决于电离基团间的静电排斥力与构象熵导致的收缩力的平衡。小分子离子在介质中的分布受静电势与布朗运动的制约。假设离子之间的静电相互作用可以用德拜-休克尔(Debye-Hückel)理论描述，离子氛的德拜半径小于高分子链的尺寸。高分子链上的固定电荷被离子氛部分地屏蔽，固定电荷间的静电排斥能决定着溶液中和凝胶中聚电解质高分子链的行为。忽略了分子链之间的静电相互作用。聚电解质高分子链构象熵是 R 的函数，与同样链长、同样溶剂亲和性的等效中性高分子链构象熵的 R 函数相同。充电导致的聚电解质溶液的静电自由能变化ΔG_e 定义为聚电解质溶液的自由能与具有同样的固定和自由离子但都不带电荷的假想溶液的自由能之差，这就是以无电荷溶液为参照状态的“充电模型”。之所以不取无限稀溶液为参照，是因为高分子链上的静电相互作用不随稀释而消失，稀溶液也不会成为理想溶液。

$$\Delta G_e = \frac{n_p Z^2 i^2 \varepsilon^2}{DR} \ln\left(1 + \frac{6R}{\kappa\left\langle R_0^2 \right\rangle}\right) \tag{6.7}$$

式中，n_p 是高分子链的数量；Z 是高分子链的聚合度；i 是有效中和度，即实际电离度；ε是单位电荷；D 是介质的介电常数；$\left\langle R_0^2 \right\rangle$ 是参照状态的均方末端距$\left\langle R_0^2 \right\rangle = sZb^2$，$s$ 是统计链段中的单体单元数，b 是单体单元的长度；κ^{-1} 是德拜离子氛半径，

$$\kappa^2 = \frac{4\pi\varepsilon^2 \sum n_i}{DkTV} \tag{6.8}$$

其中，n_i 是第 i 种自由迁移离子的摩尔数，不包括高分子链上的固定电荷；

V 是凝胶的体积。对化学交联的凝胶，假设三维网络是理想的，没有端链、环等结构缺陷。高分子链就是两个相邻交联点之间的分子链。于是，理论上根据高分子链段的分布函数应该可以计算$\left\langle R_0^2 \right\rangle$，得到静电相互作用的自由能$\Delta G_e$。这在实际上是非常困难的。

凝胶溶胀会改变高分子链的构象，也就改变了高分子链上固定电离基团的空间分布，引起自由能变化。所以，在计算溶胀、形变过程高分子链构象变化导致的自由能变化时，也必须考虑静电相互作用的贡献，这是 HID 理论的特点。该理论在描述溶胀、形变导致网络变形引起的弹性贡献上，采用了非高斯分布的三链模型，这主要是由于聚电解质凝胶会高度溶胀，更适合采用高分子链的有限伸展性的分布函数。溶胀过程包括形变的构象自由能变化ΔG_c为

$$\Delta G_c = n_p kTN\left[\frac{1}{3}\left(\gamma_1 A_1 + \ln\frac{A_1}{\sinh A_1}\right) + \frac{2}{3}\left(\gamma_2 A_2 + \ln\frac{A_2}{\sinh A_2}\right) - \left(\gamma_3 A_3 + \ln\frac{A_3}{\sinh A_3}\right)\right] \tag{6.9}$$

式中，$\gamma_1 = \lambda\left\langle \alpha_s^2 \right\rangle^{1/2} N^{-1/2}$，$\gamma_2 = \left[\lambda^{-1}\left\langle \alpha_s^2 \right\rangle v_\lambda N^{-1}\right]^{1/2}$，$\gamma_3 = \left\langle \alpha_s^2 \right\rangle^{1/2} N^{-1/2}$；其中$\lambda=L/L_s$为凝胶受拉伸时的伸长比，$L$ 为凝胶各向同性溶胀平衡并拉伸形变后的长度，L_s为形变前各向同性溶胀平衡时凝胶的长度。$\left\langle \alpha_s^2 \right\rangle = \left\langle \alpha_0^2 \right\rangle \phi^{-2/3}$为高分子链在溶胀状态相对于参照状态的膨胀比；$\left\langle \alpha_0^2 \right\rangle$为干态试样的均方末端距与参照状态的均方末端距之比，表示干态高分子链的膨胀比。N 是每个高分子链中的统计链段数；$v_\lambda=V/V_s$，是溶胀平衡的凝胶拉伸形变后与拉伸前的体积比。$A_i=L^{-1}(\gamma_i)$，$L^{-1}(\gamma_i)$为γ_i 的朗之万反函数(inverse Langevin function)，$\coth A_i-1/A_i-\gamma_i=0$。

凝胶溶胀的渗透压由四部分构成，$\Delta\mu_0=\Delta\mu_{0,mix}+\Delta\mu_{0,ion}+\Delta\mu_{0,ela}+\Delta\mu_{0,charge}$。高分子链段与溶剂混合的$\Delta\mu_{0,mix}$，用弗洛里-哈金斯格子模型的式(6.3)描述；凝胶中小分子离子与溶剂混合的$\Delta\mu_{0,ion}$(依数性)，由式(6.4)或式(6.5)计算。高分子三维网络溶胀引起的构象熵弹性贡献$\Delta\mu_{0,ela}$ 和高分子链上固定电荷的静电相互作用贡献$\Delta\mu_{0,charge}$，分别由式(6.9)和式(6.7)得到。

凝胶各向同性溶胀时，相对于参照状态三个方向的伸长率是相等的，$\lambda=1$ 和 $v_\lambda=1$，ΔG_c 为

$$\Delta G_{\mathrm{ela}} = n_{\mathrm{p}}kT\left[N\left(\gamma_4 A_4 + \ln\frac{A_4}{\sinh A_4} - \gamma_5 A_5 - \ln\frac{A_5}{\sinh A_5}\right) + \frac{1}{2}\ln\phi\right] \tag{6.10}$$

式中，$\gamma_4 = \left\langle \alpha_0^2 \right\rangle^{1/2} \phi^{-1/3} N^{-1/2}$，$\gamma_5 = \left\langle \alpha_0^2 \right\rangle^{1/2} N^{-1/2}$；同样 $A_i = L^{-1}(\gamma_i)$。展开朗之万反函数，由 $\Delta\mu_{0,\mathrm{ela}} = \left(\partial \Delta G_{\mathrm{ela}} / \partial n_0\right)_{T, n_i(\neq n_0)}$ 得到

$$\begin{aligned}\Delta\mu_{0,\mathrm{ela}} = RTV_0\nu_{\mathrm{e}}\Bigg[&\left(\left\langle \alpha_0^2 \right\rangle \phi^{1/3} - \frac{1}{2}\phi\right) \\ &+\left(\frac{3}{5}\left\langle \alpha_0^2 \right\rangle \phi^{-1/3} N^{-1} + \frac{99}{175}\left\langle \alpha_0^2 \right\rangle^3 \phi^{-1} N^{-2} + \frac{513}{875}\left\langle \alpha_0^2 \right\rangle^4 \phi^{-5/3} N^{-3} + \cdots\right)\Bigg]\end{aligned} \tag{6.11}$$

与式(6.6)比较可知，式(6.11)的第一项是高斯链熵弹性的贡献，此时考虑的溶胀是从干凝胶开始的，所以$\phi_0=1$。后面的几项是关于高分子链有限伸展的修正项。

根据式(6.7)，由 $\Delta\mu_{0,\mathrm{charge}} = \left(\partial \Delta G_{\mathrm{e}} / \partial n_0\right)_{T, n_i(\neq n_0)}$ 得到

$$\Delta\mu_{0,\mathrm{charge}} = \frac{\nu_{\mathrm{e}} N_{\mathrm{A}} Z^2 i^2 \varepsilon^2 V_0 \phi^{4/3}}{3D\left(\left\langle R_0^2 \right\rangle \left\langle \alpha_0^2 \right\rangle\right)^{1/2}}\left[\frac{2.5\bar{A}}{1+\bar{A}} - \ln\left(1+\bar{A}\right)\right] \tag{6.12}$$

其中，

$$\bar{A} = \frac{6R}{\kappa\left\langle R_0^2 \right\rangle} = \left[\frac{9\left\langle \alpha_{\mathrm{s}}^2 \right\rangle DkTM_0}{\pi N_{\mathrm{A}} \varepsilon^2 \left\langle R_0^2 \right\rangle \left(\alpha\rho\phi + 2M_0 c'\right)}\right]^{1/2} \tag{6.13}$$

溶胀平衡时$\Delta\mu_0=\Delta\mu_{0,\mathrm{mix}}+\Delta\mu_{0,\mathrm{ion}}+\Delta\mu_{0,\mathrm{ela}}+\Delta\mu_{0,\mathrm{charge}}=0$，$R = \left(\left\langle R_0^2 \right\rangle \left\langle \alpha_{\mathrm{s}}^2 \right\rangle\right)^{1/2}$，得到凝胶状态方程，可以解出高分子体积分数$\phi$随 T、D 和高分子链密度 ν_{e}、聚合度 Z 等的变化。

当溶胀平衡的聚电解质凝胶受到单轴拉伸，拉伸力 F 导致凝胶形变至长度 L，自由能发生变化ΔG，为构象自由能变化ΔG_{c}和静电相互作用自由能变化ΔG_{e}两部分之和：

$$F=\left(\frac{\partial \Delta G}{\partial L}\right)_{T,V,n_i}=\left(\frac{\partial \Delta G_{\mathrm{c}}}{\partial L}\right)_{T,V,n_i}+\left(\frac{\partial \Delta G_{\mathrm{e}}}{\partial L}\right)_{T,V,n_i} \tag{6.14}$$

由式(6.9)展开朗之万反函数，得到

$$\begin{aligned}F_{\mathrm{c}}&=\left(\frac{\partial \Delta G_{\mathrm{c}}}{\partial L}\right)_{T,V,n_i}\\&=\frac{n_{\mathrm{p}}kT}{L_{\mathrm{s}}}\left\langle\alpha_{\mathrm{s}}^2\right\rangle\left(\lambda-v_\lambda\lambda^{-2}\right)\left[1+\frac{3}{5}\left\langle\alpha_{\mathrm{s}}^2\right\rangle N^{-1}\left(\lambda^2+v_\lambda\lambda^{-1}\right)+\frac{99}{175}\left(\left\langle\alpha_{\mathrm{s}}^2\right\rangle N^{-1}\right)^2\right.\\&\quad\left.\times\left(\lambda^4+v_\lambda\lambda+{v_\lambda}^2\lambda^{-2}\right)+\frac{513}{875}\left(\left\langle\alpha_{\mathrm{s}}^2\right\rangle N^{-1}\right)^3\left(\lambda^6+v_\lambda\lambda^3+v_\lambda+{v_\lambda}^3\lambda^{-3}\right)+\cdots\right]\end{aligned} \tag{6.15}$$

由式(6.7)得到

$$F_{\mathrm{e}}=\left(\frac{\partial \Delta G_{\mathrm{e}}}{\partial L}\right)_{T,V,n_i}=\frac{n_pZ^2i^2\varepsilon^2\left(\lambda-v_\lambda\lambda^{-2}\right)}{DRL_{\mathrm{s}}\left(\lambda^2+2v_\lambda\lambda^{-1}\right)}\left[\frac{A}{1+A}-\ln(1+A)\right] \tag{6.16}$$

$A=6R/\left(\kappa\left\langle R_0^2\right\rangle\right)$，其中的高分子链末端距 h 受到拉伸作用，根据仿射形变，

$$R=\left[\frac{1}{3}\left\langle R_0^2\right\rangle\left\langle\alpha_{\mathrm{s}}^2\right\rangle\left(\lambda^2+2v_\lambda\lambda^{-1}\right)\right]^{1/2} \tag{6.17}$$

以参照状态的长度 L_{r} 为基准，三个方向的拉伸比分别为

$$\Lambda_x=\left\langle\alpha_{\mathrm{s}}^2\right\rangle^{1/2}\lambda=L/L_{\mathrm{r}},\quad \Lambda_y=\Lambda_z=\left(\left\langle\alpha_{\mathrm{s}}^2\right\rangle v_\lambda\lambda^{-1}\right)^{1/2} \tag{6.18}$$

以凝胶在溶胀平衡、拉伸之前的横截面积计算应力 σ，由式(6.15)和式(6.16)得到

$$\sigma=G_0\left(1+\Phi_{\mathrm{E}}+\Phi_{\mathrm{N}}\right)\left(\lambda-v_\lambda\lambda^{-2}\right) \tag{6.19}$$

式中，G_0 为橡胶弹性理论的模量，$G_0=v_{\mathrm{s}}RT\left\langle\alpha_{\mathrm{s}}^2\right\rangle$，$v_{\mathrm{s}}$ 为凝胶在溶胀状态的高分子网络的链密度；Φ_{N} 和 Φ_{E} 分别来自式(6.15)和式(6.16)：

$$\Phi_{\mathrm{N}}=\frac{3}{5}\left\langle\alpha_{\mathrm{s}}^{2}\right\rangle N^{-1}\left(\lambda^{2}+v_{\lambda}\lambda^{-1}\right)+\frac{99}{175}\left(\left\langle\alpha_{\mathrm{s}}^{2}\right\rangle N^{-1}\right)^{2}\left(\lambda^{4}+v_{\lambda}\lambda+v_{\lambda}^{2}\lambda^{-2}\right)$$
$$+\frac{513}{875}\left(\left\langle\alpha_{\mathrm{s}}^{2}\right\rangle N^{-1}\right)^{3}\left(\lambda^{6}+v_{\lambda}\lambda^{3}+v_{\lambda}^{2}+v_{\lambda}^{3}\lambda^{-3}\right)+\cdots \tag{6.20}$$

$$\Phi_{\mathrm{E}}=\frac{i^{2}\varepsilon^{2}Z^{2}}{DkT}\left[\frac{1}{3}\left\langle\alpha_{\mathrm{s}}^{2}\right\rangle^{3}\left\langle R_{0}^{2}\right\rangle\left(\lambda^{2}+2v_{\lambda}\lambda^{-1}\right)^{3}\right]^{-1/2}\left[\frac{A}{1+A}-\ln(1+A)\right] \tag{6.21}$$

其中，

$$A=\left[\frac{3DkTM_{0}\left\langle\alpha_{\mathrm{s}}^{2}\right\rangle}{\pi N_{\mathrm{A}}\varepsilon^{2}\left\langle R_{0}^{2}\right\rangle\left(\alpha\rho\phi+2M_{0}c'\right)}\left(\lambda^{2}+2v_{\lambda}\lambda^{-1}\right)\right]^{1/2} \tag{6.22}$$

式中，M_0是高分子单体单元的分子量；α是聚电解质的化学计量电离度；ρ是干燥高分子的密度。

6.3 静电相互作用对弹性模量影响的验证

HID 理论中给出了聚电解质中静电相互作用对熵弹性和平衡溶胀的贡献，但需要实验的验证，这方面的数据非常缺乏。Hasa 和 Ilavsky 以乙基双丙烯酸酯交联的甲基丙烯酸(PMA)水凝胶为试样[5]，合成时高分子体积分数ϕ_0=0.5，在 NaCl 浓度为 0.1mol/L、0.4mol/L、1.0mol/L 的盐溶液中以 NaOH 中和至中和度α。由式(6.19)定义拉伸模量 G_λ:

$$G_{\lambda}=\sigma\left(\lambda-v_{\lambda}\lambda^{-2}\right)^{-1}=G_{0}\left(1+\Phi_{\mathrm{E}}+\Phi_{\mathrm{N}}\right) \tag{6.23}$$

由 HID 理论可知，拉伸改变了高分子链上电离基团的空间分布，从而改变了凝胶的静电相互作用，导致平衡溶胀比变化。要达到特定λ下的溶胀平衡需要数十小时，通常实验都没有实现，而是在 v_λ=1 进行，即拉伸前后溶胀平衡的聚电解质水凝胶没有体积变化。于是，这样测定的G_λ比经长时间达到拉伸状态溶胀平衡时测定的要小 5%～10%。实验测定的G_λ随拉伸比的变化见图 6.3，图中实线是由$G_0\left(1+\Phi_{\mathrm{E}}+\Phi_{\mathrm{N}}\right)$计算得到的，设活度系数为 1，则 $i=\alpha$。凝胶在溶胀状态的高分子网络链密度 v_{s}根据橡胶弹性理论从初始模量 G_0 计算，即$v_{\mathrm{s}}=G_0/(RT\left\langle\alpha_{\mathrm{s}}^{2}\right\rangle)$。$\left\langle R_{0}^{2}\right\rangle=sZb^2$，取 s=3.5、$Z=\rho\phi_0/M_0 v_{\mathrm{e}}$、

b=2.55×10^{-10}m。

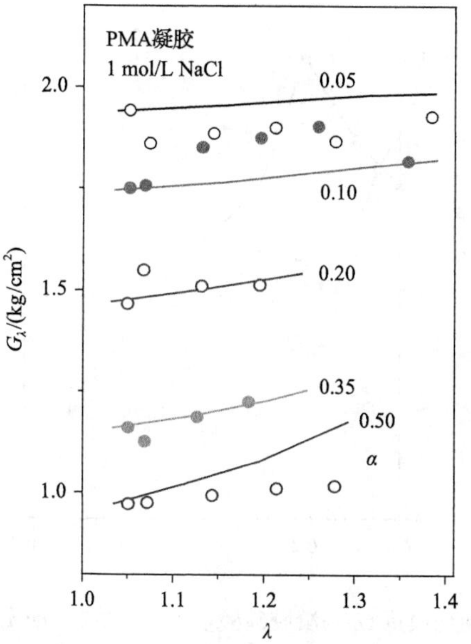

图 6.3　拉伸模量与伸长比λ的关系

圆点为实验数据，实线为计算值，试样的化学计量电离度α见图中数字

计算结果与实验数据基本一致。凝胶的电离度越高或拉伸比越大时，凝胶的溶胀越大，如上所述的原因导致计算结果偏离实验数据。由图 6.3 结果可以看到，聚电解质凝胶由于静电相互作用的存在，拉伸会导致模量升高；电离度越高的凝胶，拉伸模量越小。因为计算采用了实验得到的 G_0，不能成为独立的证明。

为了避免实验条件对甲基丙烯酸中羧基弱电解质电离度的影响，采用强电解质的磺酸基，制备了单体浓度为 0.75 mol/L、磺酸基团含量为 0～70 mol%的强聚电解质水凝胶，在线性区测定的动态平衡剪切模量 G_e 结果如图 6.4 所示[6]。实验表明，随高分子链上荷电基团增加，高分子三维网络的弹性模量是减小的。因为没有经过溶胀，所以凝胶中的高分子含量是一致的。也就是说，G_e 的减小不是由于电荷含量高的凝胶的溶胀比大造成的。

根据式(6.23)考察电荷密度对模量的作用。由式(6.20)可知，Φ_N 表示凝胶中高分子链有限伸展性对弹性模量的贡献，与电荷密度无关。Φ_E 则是高分子链上荷电基团之间的静电相互作用对弹性模量的贡献，由式(6.21)

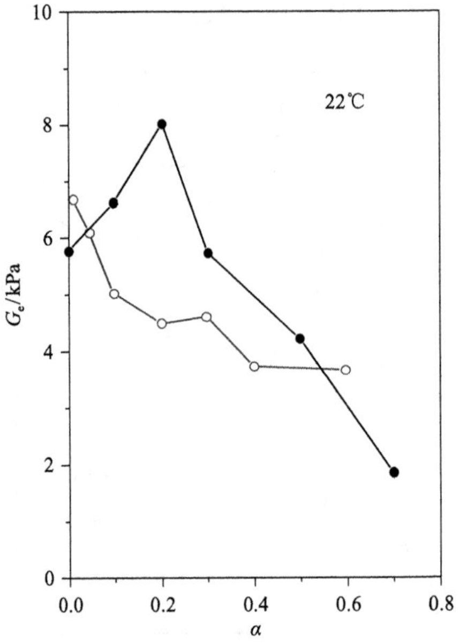

图 6.4　平衡剪切模量 G_e 与凝胶磺酸基含量α的关系如实心圆点所示，空心圆点为部分中和丙烯酸凝胶单轴压缩的结果[7]

得到Φ_E，对电荷密度作图得到图 6.5[6]。可以看到，随着电荷密度α的提高，静电相互作用对弹性模量的贡献减小；而且高分子链柔性越高(s 值越小)，这种减小越显著。

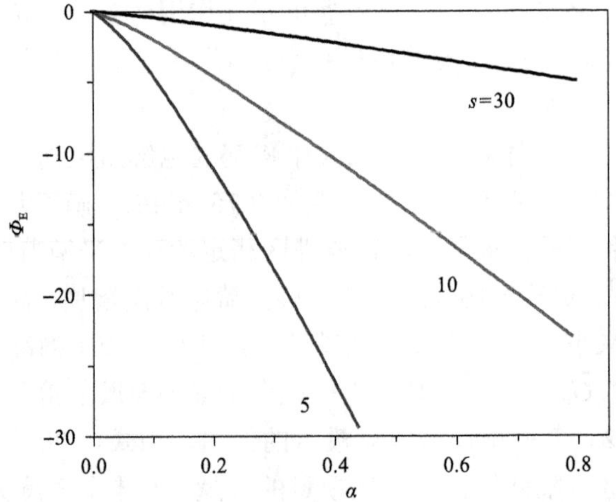

图 6.5　聚电解质凝胶的Φ_E与电荷密度α的关系，由式(6.21)计算

6.4　静电相互作用对溶胀渗透压影响的验证

采用同样的强聚电解质磺酸基水凝胶，比较实验观测的平衡溶胀和体积相变与 HID 理论的预测，评价静电相互作用对溶胀渗透压的作用[8]。图 6.6 给出了溶胀平衡的磺酸基水凝胶中高分子体积分数ϕ的倒数 $1/\phi$与电荷密度α的关系，部分中和的丙烯酸水凝胶的溶胀平衡结果也在其中给出比较。强聚电解质水凝胶的平衡溶胀水平远远高于弱聚电解质水凝胶的平衡溶胀水平，而且强聚电解质水凝胶的平衡溶胀随电荷密度的增大而单调增大，反映了荷电基团之间的静电排斥力。$\alpha=0.61$ 的磺酸基水凝胶溶胀平衡时$\phi=0.94\times10^{-3}$，相当于无盐的聚电解质稀溶液，静电排斥力导致高分子链呈伸展的构象。而丙烯酸水凝胶由于反离子凝聚较强，当$\alpha>0.25$ 后，平衡溶胀水平增加很少。

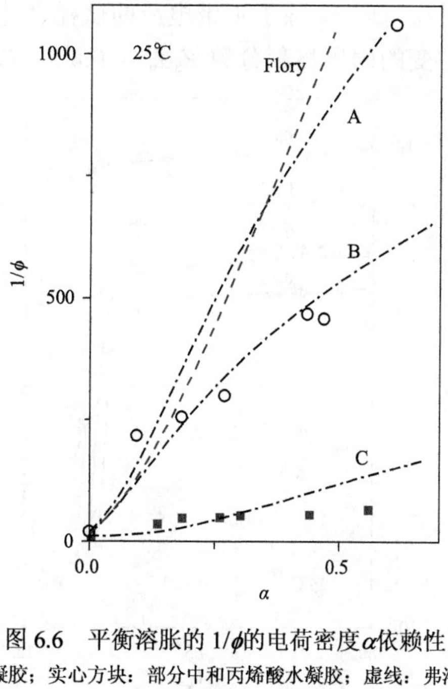

图 6.6　平衡溶胀的 $1/\phi$的电荷密度α依赖性

空心圆点：磺酸基水凝胶；实心方块：部分中和丙烯酸水凝胶；虚线：弗洛里理论的计算曲线；点划线：HID 理论计算曲线，A：$\nu_e\phi_0=2\times10^{-6}$ mol/cm^3(来自实测值)，$s=5$；B：$\nu_e\phi_0=2\times10^{-6}$ mol/cm^3，$s=8$；C：$\nu_e\phi_0=1.95\times10^{-5}$ mol/cm^3(来自化学计量比)，$s=1$

采用弗洛里理论计算的平衡溶胀曲线为虚线所示，因为水是聚电解质的良溶剂，取χ=0.45。计算曲线(虚线)远高于实验结果，说明弗洛里理论基于高分子链段与溶剂的完全无规混合，过高地评价了聚电解质水凝胶的溶胀能力。HID 理论的计算曲线为点划线 A、B、C，其所用的参照状态(合成后溶胀前的水凝胶)的高分子链密度$\nu_e\phi_0$的数值不同，表示高分子链柔性的统计链段中单体单元数 s 的值不同。采用由平衡剪切模量 G_e 测定的链密度(曲线 A 与 B)，计算结果反映了平衡溶胀能力 $1/\phi$随电荷密度α增大的趋势。而且静电排斥力增大，导致高分子链取更伸展的构象；s 值增大，计算的 $1/\phi$减小(曲线 B)。

但是，无论是不考虑静电相互作用的弗洛里理论，还是利用德拜-休克尔理论描述静电相互作用的 HID 理论，都不能定量地描述强聚电解质水凝胶的平衡溶胀。

磺酸基的强聚电解质水凝胶在水中溶胀，不断加入丙酮，混合溶剂与高分子的亲和性变差。当达到特定的浓度时，水凝胶的溶胀体积骤然减小，发生体积相变，如图 6.7 所示。除了不带电荷的试样之外，磺酸基强聚电解质水凝胶发生体积相变的丙酮体积分数 V_a 都在 0.8 左右。

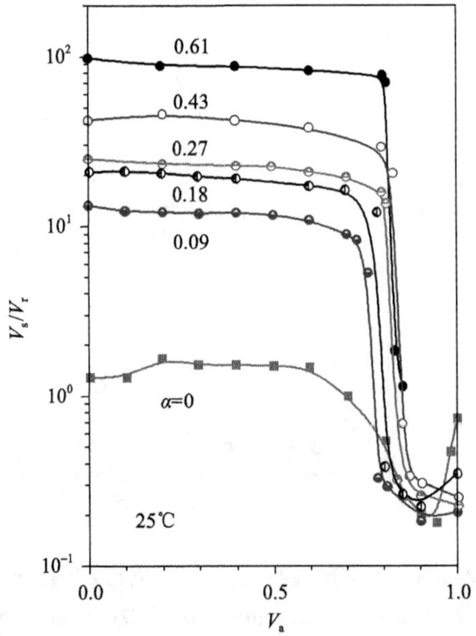

图 6.7　磺酸基强聚电解质水凝胶相对参照状态 V_r 的平衡溶胀比 V_s/V_r 随水+丙酮混合溶液中丙酮体积分数 V_a 的变化，α为水凝胶中的电荷密度

水凝胶溶胀渗透压$\pi = -\Delta\mu_0/V_0^{\circ}$，将$\Delta\mu_{0,\mathrm{mix}}$[式(6.3)]、$\Delta\mu_{0,\mathrm{ion}}$[式(6.4)或式(6.5)]以及 HID 理论$\Delta\mu_{0,\mathrm{ela}}$[式(6.11)]和$\Delta\mu_{0,\mathrm{charge}}$[式(6.12)]代入。因为水+丙酮混合溶液是磺酸基聚电解质水凝胶的贫溶剂，取χ=0.570，得到图 6.8 的计算曲线[9]。体积相变时两相溶剂的化学位平衡$\Delta\mu_0$=0，形成高分子网络收缩的浓相 A″和高分子体积分数极低的稀相 A′，图中虚线连接的α=0.08 的水凝胶能够满足要求。

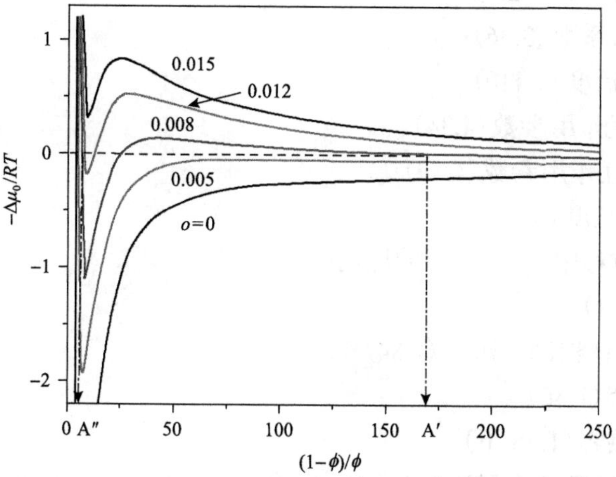

图 6.8　根据 HID 理论计算的水凝胶溶胀的溶剂化学位$\Delta\mu_0$随溶剂/高分子体积分数比的变化，数值为水凝胶的电荷密度α，A′与 A″为平衡稀相与浓相，计算时采用χ=0.570、s=0.5

参 考 文 献

[1] Flory P J. Principles of Polymer Chemistry. Ithaca, New York: Cornell Univ Press, 1953.

[2] Tanaka T, Fillmore D, Sun S-T, Nishio I, Swislow G. Shah A. Phys. Rev. Lett., 1980, 45: 1636.

[3] Hasa J, Ilavsky M, Dusek K. J. Polym. Sci. Polym. Phys. Ed., 1975, 13: 253.

[4] Katchalsky A, Lifson S. J. Polym. Sci., 1953, 11: 409.

[5] Hasa J, Ilavsky M. J. Polym. Sci. Polym. Phys. Ed., 1975, 13: 263.

[6] Tong Z, Liu X. Macromolecules, 1993, 26: 4964.

[7] Schosseler F, Ilmain F, Candau S J. Macromolecules, 1991, 24: 225.

[8] Tong Z, Liu X. Macromolecules, 1994, 27: 844.

[9] Ilavsky M. Polymer, 1981, 22: 1687.

符　号　表

A：亥姆霍兹自由能(1.16)

A_2：第二位力系数(3.36)

A_3：第三位力系数(3.36)

a_i：组分 i 的活度(1.110)

B_{ij}：二体相互作用参数(4.34)

B_{ijk}：三体相互作用参数(4.34)

b：单体单元长度(6.7)

b_{ij}：范拉尔方程中 i-j 分子对的比例因子(3.2)

C：组分数(1.1)

C_{i}：组分 i 的体积摩尔浓度(1.84)

C_p：等压热容(1.36)

C_v：等体积热容(1.38 下)

c：凝胶内的可迁移离子浓度($\mathrm{mol/cm^3}$)(6.4)

c'：凝胶外的可迁移离子浓度($\mathrm{mol/cm^3}$)(6.4)

c_{i}：组分 i 的质量浓度(1.89)

$\tilde{c}$：真空中的光速(5.4)

$\tilde{c}'$：介质中的光速(5.4)

D：介电常数(6.7)

E_i^{o}：组分 i 在给定温度的摩尔蒸发能(3.5)

E_{ij}：组分 i 与组分 j 相互作用能的几何平均(3.8)

$\boldsymbol{E}$：散射光电场矢量(5.3)

$\boldsymbol{E}^{\mathrm{o}}$：入射光电场矢量(5.1)

$\boldsymbol{E}_0^{\mathrm{o}}$：入射光电场振幅(5.1)

$\boldsymbol{E}_k$：第 k 个单元散射光电场矢量(5.86)

f：每个高分子链带电离基团摩尔数(6.5)

f_i：组分 i 的活度系数(1.120)

G：吉布斯自由能(1.20)

$\underline{G}$：单位摩尔的吉布斯自由能(1.22)
G^{E}：过剩吉布斯自由能(1.108)
G_{m}：摩尔吉布斯自由能(1.77)
ΔG_{c}：高分子构象自由能变化(6.9)
ΔG_{e}：充电导致聚电解质溶液的静电自由能变化(6.7)
g：相互作用函数(3.47)
g_{ij}、g_i：相互作用函数 g 的展开系数(3.48)
H：焓(1.19)
$\boldsymbol{H}$：散射磁场矢量(5.4)
h：相互作用函数(4.30)
I：散射光强度(5.11)
i：有效中和度或实际电离度(6.7)
K：光学常数(5.23)
K_{ϕ}：溶质浓度为体积分数时的光学常数(3.50)
L：凝胶各向同性溶胀平衡并拉伸形变后的长度(6.9)
L_{S}：各向同性溶胀平衡时凝胶的长度(6.9)
M_i：组分 i 的摩尔质量(1.80)
M_{w}：高分子重均分子量(图 3.3)
M_{v}：高分子黏均分子量(图 3.2)
m_i：组分 i 的质量摩尔浓度(1.82)
N：高分子链中的单体数(6.9)
N_{A}：阿伏伽德罗常数(5.21)
n：物质的摩尔数(1.39)
n_i：组分 i 的摩尔数(1.39)；第 i 种自由迁移离子摩尔数(6.8)
$\tilde{n}$：折光指数(5.4)
P：相数(1.1)
P_i：高分子 i 组分的相对链长(相对于溶剂分子体积的聚合度)(3.12)
P_{n}：高分子数均链长(4.2)
P_{w}：高分子重均链长(4.13)
P_{z}：高分子 z 均链长(4.15)
$P_{1,\sigma}$：分子内干涉因子(5.99)
$P_{2,\sigma\tau}$：分子间干涉因子(5.100)

p：体系的压力(1.5)
p'：环境压力(1.3)
p_I：内压(1.38)
p_i：组分 i 的分压(1.102)
p_i^o：纯组分 i 的蒸汽压(1.103)
$p^\ominus$：标准压力(1.102)
$\boldsymbol{p}$：振荡偶极矢量(5.2)
$\boldsymbol{p}_k$：第 k 个单元的振荡偶极矢量(5.85)
Q：热量(1.2)
q：体系中物质的重量(1.79)
q_i：组分 i 的重量(1.79)
r：体系的独立组分数(1.39)
R：气体常数(1.99)；高分子链末端距(6.7)
$\left\langle R_0^2 \right\rangle$：参照状态的均方末端距(6.7)
$\left\langle R^2 \right\rangle_0$：无扰状态的均方末端距(5.113)
ΔR_0：散射角 0°的过剩瑞利比(3.50)
R_θ：散射角为 θ 处的瑞利比(5.19)
S：熵(1.6)
$\boldsymbol{S}$：坡印亭矢量(5.9)
$\left\langle S^2 \right\rangle$：均方回转半径(5.111)
s：统计链段中的单体单元数(6.7)
$\boldsymbol{s}$：衍射矢量(5.88)
T：体系热力学温度(1.7)
T'：环境热力学温度(1.6)
t：时间(5.1)
U：内能(1.2)
U^o：液体相对于气体的总内能(3.5)
U_i^o：液体组分 i 相对于气体的摩尔内能(3.5)
U_{ij}：组分 i-j 接触的相互作用能(3.6)
u_{ij}：组分 i-j 分子或链段之间的相互作用能(3.27)
V：体系的体积(1.3)

V_i：组分 i 的偏摩尔体积(图 1.2)
V_m：溶液的摩尔体积(1.84)
V_i^o：组分 i 的摩尔体积(1.81)
v_i^o：组分 i 的比容(1.81)
v_i：组分 i 的偏比容(图 1.2)
v_M：单位质量主要溶剂(i=0)对应的溶液体积(1.85)
v_λ：溶胀平衡的凝胶拉伸后与拉伸前的体积比(6.9)
W：功(1.2)
W_i：组分 i 的重量(4.27)
w_i：组分 i 的重量分数(1.79)
x_i：组分 i 的摩尔分数(1.47)
Y：状态变量(1.40)
Y_i：偏摩尔量(1.41)
Y_m：摩尔量(图 1.1)
Z：高分子链的聚合度(6.7)
z：配位数(3.17)

α：等压热膨胀率(1.34)；极化率(5.2)
$\left\langle \alpha_0{}^2 \right\rangle$：高分子链在干燥状态相对参照状态的膨胀比(6.9)
$\left\langle \alpha_s{}^2 \right\rangle$：高分子链在溶胀状态相对参照状态的膨胀比(6.9)
β：热压力系数(1.38)
$\mathit{\Gamma}$：表观第二位力系数(3.58)
Γ：混合系综的配分函数(5.26)
γ_i：组分 i 的质量摩尔浓度对应的活度系数(1.122)
δ_i：组分 i 的溶解度参数(3.10)
ε：单位电荷(6.7)
θ：θ温度或弗洛里温度(3.37)；散射光与入射光的夹角(5.16)
κ：等温压缩系数(1.36)
κ^{-1}：德拜离子氛半径(6.8)
κ_0：溶剂的等温压缩系数(1.104)
λ：入射光和散射光在真空中的波长(5.14)；凝胶的拉伸比(6.9)

λ'：入射光和散射光在介质中的波长(5.88)

μ_i：组分 i 的化学位(1.52)

μ_{ij}：等温、等压下组分 i 的化学位μ_i对组分 j 的质量摩尔浓度 m_j 的偏导数(2.39)

$\bar{\mu}_{ij}$：等温、等压下组分 i 的化学位μ_i对组分 j 摩尔数 n_j 的偏导数(2.13)

$\mu_i^{\ominus}(T)$：纯组分 i 气体在标准压力 $p^{\ominus}$ 和温度 T 下的化学位(1.102)

ν_e：干态高分子三维网络中的有效分子链密度(mol/cm^3)(6.6)

ν_i：第 i 个高分子链放入剩余格子的配置方式数(3.18)

ν_s：凝胶在溶胀状态的高分子链密度(6.19)

ξ：组分 1 在二组分高分子混合物中的体积分数(4.3)

ξ_i：组分 i 在高分子混合物中的体积分数(4.9)

π：渗透压(1.104)

ρ：溶液密度(1.90)；溶质数密度(5.20)

σ_i：组分 i 的分离因子(4.19)

Φ：独立的强度性质的状态变量的数目，自由度(1.1)

ϕ：高分子的体积分数(4.1)

ϕ_i：组分 i 的体积分数(1.81)

ϕ_{iC}：临界点的组分 i 的体积分数(3.42)

χ：弗洛里-哈金斯相互作用参数(3.34)

χ_C：临界点的χ参数(3.42)

χ_H：弗洛里-哈金斯相互作用参数的焓参数(3.33)

χ_{ij}：组分 i 与 j 之间相互作用参数(4.29)

χ_S：弗洛里-哈金斯相互作用参数的熵参数(3.34)

χ_P：高分子化学位中的相互作用参数(3.45)

Ω：总配置方式数(3.19)

ω：电场振荡角频率(5.1)

上标

o：纯态；α：相；β：相；⊖：标准状态；′：稀相；″：浓相

下标

g：气相；H：水平散射；h：水平入射；l：液相；m：混合；V：垂直散射；v：垂直入射